Dionaea Muscipula

Guida Dettagliata per la Coltivazione in Appartamento

I0446416

Testi Creativi

Scrittura Professionale Online

Indice

Alla fine di questo libro troverai un regalo esclusivo!

Dionaea Muscipula

Guida Dettagliata per la Coltivazione in Appartamento di Piante Carnivore

I. Introduzione alla Dionaea Muscipula

1. Origini e Habitat Naturale

La Dionaea Muscipula, comunemente nota come Venus Flytrap, è originaria delle regioni costiere del Sud-Est degli Stati Uniti, in particolare degli stati della Carolina del Nord e della Carolina del Sud. Questa pianta carnivora prospera nelle paludi e nei prati umidi di queste zone, dove le condizioni sono particolarmente favorevoli per la sua crescita. Il suo habitat naturale è caratterizzato da un suolo povero di nutrienti, alta umidità e abbondante luce solare, elementi cruciali per replicare con successo le sue condizioni di crescita in ambiente domestico.

Per comprendere meglio come coltivare la Dionaea Muscipula in appartamento, è essenziale conoscere le specifiche del suo ambiente naturale. Ad esempio, il suolo delle zone in cui cresce è tipicamente acido e composto prevalentemente da torba e sabbia, elementi che possiamo riprodurre utilizzando una miscela di torba di sfagno e perlite in parti uguali. Questo substrato imita il terreno povero di nutrienti, consentendo alle radici di respirare e prevenendo il ristagno d'acqua, che potrebbe danneggiare la pianta.

In natura, la Dionaea Muscipula è esposta a una luce solare intensa per molte ore al giorno. Pertanto, quando coltivata in appartamento, è fondamentale posizionarla in un luogo dove possa ricevere almeno 4-6 ore di luce diretta al giorno. Se non è possibile fornire sufficiente luce naturale, l'uso di luci artificiali per piante, come le lampade LED a spettro completo, è una valida alternativa. Queste luci possono essere programmate per replicare il ciclo di luce naturale, assicurando che la pianta riceva l'illuminazione necessaria per la fotosintesi e la crescita sana.

Un altro aspetto importante è l'umidità. Le paludi costiere del Sud-Est degli Stati Uniti hanno un'umidità relativa elevata, spesso superiore al 50%. Per ricreare queste condizioni in casa, è utile utilizzare un umidificatore nella stanza dove è coltivata la pianta o posizionarla su un vassoio di ghiaia umida. Questo aiuterà a mantenere l'umidità dell'aria intorno alla pianta, prevenendo la disidratazione delle delicate trappole.

Infine, la Dionaea Muscipula è adattata a un ciclo stagionale di temperature, con estati calde e inverni più freschi. Durante i mesi invernali, la pianta entra in uno stato di dormienza. In appartamento, questo può essere replicato riducendo gradualmente la temperatura della stanza a circa 10-15°C e limitando le innaffiature. Questa fase di riposo è cruciale per la salute a lungo termine della pianta, poiché le permette di accumulare energia per la crescita nella stagione successiva.

Comprendere l'habitat naturale della Dionaea Muscipula e le sue esigenze specifiche è il primo passo per una coltivazione di successo in appartamento. Con attenzione ai dettagli e la volontà di replicare le condizioni naturali, è possibile mantenere queste affascinanti piante carnivore sane e vigorose.

2. Biologia della Pianta

La Dionaea Muscipula è una pianta erbacea perenne che appartiene alla famiglia delle Droseraceae. La caratteristica più distintiva di questa pianta è il meccanismo delle sue trappole, strutture specializzate che si sono evolute per catturare e digerire insetti. Ogni trappola è composta da due lobi simmetrici che si chiudono rapidamente quando vengono stimolati, un adattamento straordinario che permette alla pianta di sopravvivere in ambienti con suoli poveri di nutrienti.

I lobi della trappola sono bordati da ciglia rigide che si interdigitano quando la trappola è chiusa, impedendo alla preda di sfuggire. La superficie interna dei lobi è dotata di minuscoli peli sensoriali, chiamati tricomi. Quando questi peli vengono toccati due volte in rapida successione, i lobi si chiudono in meno di un secondo. Questo meccanismo di chiusura rapida è un esempio di movimento rapido nelle piante, noto come "seismonastia".

Dopo la cattura, la trappola inizia il processo di digestione. Le ghiandole digestive presenti sulla superficie interna dei lobi secernono enzimi che decomponendo l'insetto in nutrienti assimilabili. Questo processo dura da 5 a 12 giorni, a seconda della dimensione della preda e delle condizioni ambientali. Una volta completata la digestione, la trappola si riapre, rivelando i resti indigeribili della preda, che vengono successivamente lavati via dalla pioggia o rimossi manualmente in coltivazione domestica.

La struttura delle foglie è anch'essa interessante. Le foglie della Dionaea Muscipula sono basali, disposte in una rosetta e costituiscono una parte importante per la fotosintesi e la cattura delle prede. Ogni foglia è suddivisa in due sezioni principali: il picciolo, che è la parte piatta e allungata, e la trappola stessa, che è la parte terminale modificata. È importante notare che la salute generale della pianta dipende dall'integrità delle foglie fotosintetiche, oltre che dall'efficacia delle trappole.

Le radici della Dionaea Muscipula sono relativamente poco sviluppate e servono principalmente per l'ancoraggio e l'assorbimento di acqua, piuttosto che per l'assimilazione di nutrienti dal suolo. Questo è un adattamento alle condizioni del suolo povero di nutrienti del suo habitat naturale. Pertanto, in coltivazione domestica, è cruciale garantire che il substrato sia mantenuto costantemente umido, ma non inzuppato, per evitare marciumi radicali.

La fioritura della Dionaea Muscipula avviene tipicamente in tarda primavera o all'inizio dell'estate. Gli steli floreali sono alti e sottili, elevandosi al di sopra della rosetta di foglie per evitare che gli insetti impollinatori vengano catturati dalle trappole. I fiori sono piccoli, bianchi e a cinque petali. Per i coltivatori domestici, è spesso consigliabile tagliare gli steli floreali non appena compaiono, poiché la fioritura può consumare una quantità significativa di energia dalla pianta, compromettendo la formazione di nuove trappole.

Infine, è fondamentale comprendere che la Dionaea Muscipula richiede una fase di dormienza invernale per rimanere sana a lungo termine. Durante questo periodo, che dura circa 3-4 mesi, la pianta riduce notevolmente la sua attività metabolica. Le trappole possono morire, ma questo è un processo naturale. In ambiente domestico, è necessario ridurre la temperatura e l'irrigazione per simulare le condizioni invernali.

Conoscere la biologia della Dionaea Muscipula permette di comprendere meglio le sue esigenze specifiche e adattare le tecniche di coltivazione di conseguenza. Un'attenzione costante alla salute delle foglie, alla gestione dell'acqua e alla corretta simulazione dei cicli stagionali è essenziale per mantenere queste affascinanti piante carnivore in ottime condizioni.

3. Ciclo di Vita

La Dionaea Muscipula ha un ciclo di vita affascinante e complesso, che si divide in diverse fasi: germinazione, crescita vegetativa, fioritura e dormienza. Comprendere ciascuna di queste fasi è cruciale per garantire una coltivazione di successo in appartamento.

La fase di **germinazione** inizia con i semi, che richiedono condizioni specifiche per poter germinare. I semi della Dionaea Muscipula devono essere freschi e preferibilmente stratificati a freddo per simulare le condizioni invernali che interrompono la dormienza. Questo può essere fatto mettendo i semi in un sacchetto di plastica con del muschio di sfagno umido e conservandoli in frigorifero per 4-6 settimane. Una volta che i semi sono pronti, devono essere seminati su un substrato umido di torba di sfagno e perlite, mantenuto costantemente umido e a una temperatura di circa 20-25°C. La germinazione può richiedere da alcune settimane a un paio di mesi.

Durante la fase di **crescita vegetativa**, le piantine emergono e sviluppano le loro prime trappole. In questo periodo, è essenziale fornire una luce intensa per almeno 14-16 ore al giorno, utilizzando luci artificiali se necessario. Le piantine devono essere annaffiate con acqua distillata o piovana, poiché l'acqua del rubinetto può contenere minerali dannosi per la pianta. Man mano che le piantine crescono, possono essere trapiantate in contenitori più grandi per permettere alle radici di espandersi. La crescita vegetativa è caratterizzata dalla produzione continua di nuove foglie e trappole, che diventano sempre più grandi e più efficaci nel catturare insetti.

La **fioritura** avviene tipicamente in tarda primavera o all'inizio dell'estate, quando le piante mature sviluppano uno stelo floreale alto. I fiori bianchi a cinque petali si aprono e, se impollinati, producono semi. Tuttavia, la fioritura richiede molta energia, e per questo motivo, molti coltivatori domestici preferiscono tagliare lo stelo floreale non appena appare, per consentire alla pianta di concentrare le sue risorse sulla produzione di nuove trappole. Se si decide di lasciare fiorire la pianta, è importante monitorare attentamente la sua salute e fornire un'adeguata quantità di luce e acqua.

La fase di **dormienza** è cruciale per la Dionaea Muscipula, permettendo alla pianta di riposare e rigenerarsi per la prossima stagione di crescita. In natura, questa fase coincide con l'inverno, quando le temperature scendono e la luce solare diminuisce. In coltivazione domestica, la dormienza può essere indotta riducendo gradualmente la temperatura a 5-10°C e diminuendo le ore di luce a circa 8-10 al giorno. Durante questo periodo, le innaffiature devono essere ridotte, mantenendo il substrato appena umido. Le trappole possono diventare marroni e morire, ma questo è normale. Alla fine della dormienza, con l'aumento delle temperature e delle ore di luce, la pianta riprenderà la sua crescita attiva.

È importante non trascurare alcuna fase del ciclo di vita della Dionaea Muscipula. Ad esempio, saltare la fase di dormienza può portare a una pianta debole e meno vigorosa, incapace di produrre trappole efficaci. Inoltre, durante la fase di crescita attiva, una luce insufficiente può compromettere lo sviluppo delle trappole, rendendole meno capaci di catturare insetti.

Conoscere e rispettare il ciclo di vita della Dionaea Muscipula è essenziale per la sua coltivazione. Ogni fase richiede attenzioni specifiche e, con l'esperienza, i coltivatori domestici impareranno a riconoscere i segnali che la pianta invia, adattando le cure di conseguenza. Questo approccio meticoloso garantirà una pianta sana e rigogliosa, capace di affascinare con il suo comportamento unico e le sue trappole voraci.

4. Varietà e Cultivar

La Dionaea Muscipula, pur essendo una specie monotipo, presenta una sorprendente varietà di cultivar, ognuna con caratteristiche uniche che la rendono affascinante per i coltivatori. Le cultivar sono selezionate e propagate per specifici tratti, come dimensioni, colori, forme delle trappole e crescita. Conoscere queste varietà può aiutare a scegliere la pianta più adatta alle proprie preferenze e condizioni di coltivazione.

Una delle cultivar più popolari è la **'Akai Ryu'**, nota anche come "Red Dragon". Questa varietà è apprezzata per il suo colore rosso intenso, che si estende dalle trappole fino ai piccioli. Il colore vibrante è più pronunciato con una buona esposizione alla luce solare. La 'Akai Ryu' richiede le stesse cure della varietà tipica, ma con un'attenzione particolare alla luce per mantenere il suo colore caratteristico.

La **'B52'** è un'altra cultivar molto richiesta, famosa per le sue trappole di grandi dimensioni, che possono raggiungere i 5 cm di lunghezza. Questa varietà è ideale per chi desidera una pianta con trappole impressionanti e capaci di catturare prede più grandi. La 'B52' cresce vigorosamente e necessita di ampie risorse di luce e umidità per svilupparsi al meglio. In appartamento, può beneficiare dell'uso di luci artificiali a spettro completo per simulare le condizioni di luce naturale.

La **'Sawtooth'** si distingue per i margini delle trappole, che sono dentellati anziché avere le classiche ciglia lunghe e appuntite. Questo conferisce alle trappole un aspetto seghettato molto particolare. La 'Sawtooth' è una scelta eccellente per chi cerca una varietà visivamente unica. La cura per questa cultivar include l'assicurarsi che il substrato rimanga costantemente umido e che la pianta riceva luce adeguata per mantenere la vitalità delle sue trappole.

Un'altra cultivar interessante è la **'Fused Tooth'**, caratterizzata da trappole con ciglia fuse tra loro, creando un aspetto robusto e compatto. Questa varietà richiede una gestione attenta dell'irrigazione e del substrato per evitare problemi di marciume. La 'Fused Tooth' può prosperare in un ambiente domestico con una buona ventilazione e un'umidità controllata.

La **'Giant Clam'** è nota per le sue trappole ampie e piatte, che ricordano la forma di una conchiglia gigante. Questa varietà cresce bene in contenitori ampi che permettono alle radici di espandersi. La 'Giant Clam' è una buona scelta per i coltivatori che vogliono una pianta dall'aspetto imponente e curioso. Mantenere una luce solare intensa e una buona umidità sono chiavi per il successo con questa cultivar.

La 'Wacky Traps' rappresenta una delle varianti più insolite, con trappole che crescono in modo distorto e irregolare. Questo conferisce alla pianta un aspetto bizzarro e affascinante. La 'Wacky Traps' richiede le stesse cure generali della Dionaea Muscipula, ma è particolarmente sensibile alle variazioni di umidità e temperatura, quindi è consigliabile monitorare attentamente questi fattori.

Ogni cultivar di Dionaea Muscipula può presentare sfide specifiche, ma con le giuste tecniche e cure, è possibile mantenere queste piante in salute. Ad esempio, l'uso di un substrato ben drenante, come una miscela di torba di sfagno e perlite, è essenziale per prevenire il marciume radicale. Inoltre, assicurarsi che le piante ricevano acqua distillata o piovana è fondamentale per evitare l'accumulo di minerali dannosi.

La scelta della cultivar giusta dipende dalle preferenze personali e dalle condizioni di coltivazione disponibili. Esplorare diverse varietà può arricchire l'esperienza di coltivazione e offrire l'opportunità di osservare la diversità di questa affascinante specie. Con un po' di sperimentazione e attenzione, è possibile mantenere una collezione di Dionaea Muscipula rigogliosa e sana, arricchendo l'ambiente domestico con queste straordinarie piante carnivore.

5. Importanza Ecologica

La Dionaea Muscipula non è solo una pianta affascinante dal punto di vista estetico e comportamentale, ma svolge anche un ruolo ecologico significativo nei suoi habitat naturali. Come pianta carnivora, la Dionaea Muscipula si è adattata a vivere in ambienti poveri di nutrienti, dove la competizione per risorse come l'azoto e il fosforo è intensa. Catturando e digerendo insetti, queste piante ottengono i nutrienti necessari per la loro crescita, supplementando ciò che non possono assorbire dal suolo.

La presenza della Dionaea Muscipula in ecosistemi come le paludi della Carolina del Nord e del Sud contribuisce a mantenere l'equilibrio delle popolazioni di insetti. Sebbene possa sembrare che una pianta carnivora possa decimare le popolazioni di insetti, in realtà, la Dionaea Muscipula cattura solo una piccola percentuale degli insetti disponibili. Questo controllo naturale delle popolazioni di insetti aiuta a prevenire esplosioni demografiche che potrebbero danneggiare altre piante e disturbare l'ecosistema.

Inoltre, la Dionaea Muscipula contribuisce alla biodiversità delle paludi. Questi ambienti sono caratterizzati da condizioni difficili, come alti livelli di acidità e bassa disponibilità di nutrienti. La capacità della Dionaea Muscipula di prosperare in queste condizioni la rende una componente fondamentale di questi ecosistemi, creando nicchie ecologiche per altre specie vegetali e animali. Ad esempio, le trappole aperte della Dionaea Muscipula possono servire da rifugio temporaneo per piccoli insetti o come fonte di cibo per altri predatori.

Per i coltivatori domestici, comprendere l'importanza ecologica della Dionaea Muscipula può influenzare le pratiche di coltivazione. Ad esempio, utilizzare substrati sostenibili e ridurre l'uso di pesticidi aiuta a mantenere un equilibrio naturale, simile a quello dell'habitat nativo della pianta. Inoltre, l'adozione di pratiche ecologiche come il riciclo dell'acqua piovana per l'irrigazione non solo favorisce la salute delle piante, ma contribuisce anche alla conservazione delle risorse naturali.

La Dionaea Muscipula è anche un indicatore ecologico. La sua presenza e salute in natura possono riflettere la qualità dell'ambiente circostante. Le paludi dove cresce sono spesso soggette a pressioni ambientali come l'inquinamento e il cambiamento climatico. Monitorare la salute delle popolazioni di Dionaea Muscipula in questi habitat può fornire indicazioni preziose sulla salute generale dell'ecosistema. Pertanto, la conservazione della Dionaea Muscipula è strettamente legata alla protezione degli ecosistemi delle paludi.

Conservare questa pianta in ambiente domestico può anche avere un impatto positivo sulla sensibilizzazione ambientale. Coltivare una Dionaea Muscipula può educare i coltivatori sull'importanza degli habitat naturali e delle specie che li abitano. Inoltre, incoraggiare pratiche di coltivazione sostenibili può diffondere una maggiore consapevolezza ecologica, promuovendo un approccio più rispettoso e responsabile verso l'ambiente.

Infine, la Dionaea Muscipula ha un valore scientifico significativo. Le sue caratteristiche uniche la rendono un soggetto ideale per la ricerca scientifica in diversi campi, dalla fisiologia vegetale all'ecologia. Studiando questa pianta, gli scienziati possono ottenere intuizioni preziose sui meccanismi di adattamento, l'evoluzione delle piante carnivore e le interazioni tra piante e insetti. Questa conoscenza può avere applicazioni pratiche nella conservazione della biodiversità e nella gestione degli ecosistemi.

In conclusione, la Dionaea Muscipula non è solo una pianta intrigante da coltivare in appartamento, ma svolge un ruolo ecologico cruciale nei suoi habitat naturali. Comprendere e apprezzare questa importanza ecologica può arricchire l'esperienza di coltivazione e promuovere pratiche più sostenibili e consapevoli. Con il giusto approccio, è possibile contribuire alla conservazione di questa straordinaria pianta e degli ecosistemi in cui prospera.

6. Storia della Coltivazione

La storia della coltivazione della Dionaea Muscipula è affascinante e risale a diversi secoli fa, intrecciandosi con la curiosità scientifica e la passione per le piante rare. La pianta venne descritta per la prima volta nel 1763 dal botanico John Ellis, che la presentò come una delle meraviglie del regno vegetale. La sua scoperta suscitò immediatamente l'interesse della comunità scientifica europea e, poco dopo, della nobiltà e degli appassionati di piante esotiche.

Nel XVIII secolo, la Dionaea Muscipula divenne oggetto di studio e coltivazione nei giardini botanici europei. Giardinieri e botanici sperimentarono vari metodi di coltivazione per adattare la pianta alle condizioni europee, che differivano significativamente dal suo habitat naturale nel Sud-Est degli Stati Uniti. All'epoca, la mancanza di conoscenza sulle esigenze specifiche della pianta portò a molti fallimenti nella coltivazione. Tuttavia, con il tempo, si svilupparono tecniche più avanzate e una migliore comprensione delle condizioni necessarie per il suo sviluppo.

Un esempio di coltivazione di successo durante il periodo vittoriano è il lavoro di Charles Darwin, che studiò la Dionaea Muscipula e altre piante carnivore in modo approfondito. Nel suo libro "Insectivorous Plants" pubblicato nel 1875, Darwin descrisse in dettaglio i meccanismi di cattura e digestione della Dionaea Muscipula, contribuendo significativamente alla conoscenza scientifica della pianta. Le sue osservazioni dettagliate fornirono una base per le future ricerche e tecniche di coltivazione.

Nel corso del XX secolo, la coltivazione della Dionaea Muscipula si diffuse ulteriormente grazie ai progressi nella comprensione delle sue esigenze ecologiche. Gli orticoltori svilupparono metodi per riprodurre le condizioni del suo habitat naturale, utilizzando substrati specifici come torba di sfagno e perlite e garantendo un'adeguata illuminazione e umidità. La diffusione di serre domestiche e tecnologie di coltivazione indoor ha reso più accessibile la coltivazione della Dionaea Muscipula anche per gli appassionati non professionisti.

Un aspetto importante della storia della coltivazione della Dionaea Muscipula è la selezione e l'ibridazione di diverse cultivar. Gli orticoltori hanno lavorato per creare varietà con tratti distintivi, come trappole più grandi, colori vivaci e forme uniche. Queste cultivar non solo hanno arricchito l'aspetto estetico della pianta, ma hanno anche contribuito alla sua adattabilità e resistenza in coltivazione domestica. Alcune delle cultivar più famose, come la 'B52' e la 'Akai Ryu', sono il risultato di anni di selezione e cura.

Nella coltivazione moderna, l'accesso a informazioni dettagliate e a risorse specializzate ha reso più facile per gli appassionati replicare le condizioni ideali per la Dionaea Muscipula. Forum online, gruppi di appassionati e tutorial video offrono consigli pratici su ogni aspetto della coltivazione, dalla semina alla gestione della dormienza invernale. Ad esempio, molti coltivatori condividono tecniche su come utilizzare luci artificiali per fornire le necessarie ore di luce intensa, essenziale per la fotosintesi e la crescita sana della pianta.

La storia della coltivazione della Dionaea Muscipula è anche una storia di conservazione. Con l'aumento della popolarità della pianta, è cresciuta la consapevolezza della necessità di proteggerla nel suo habitat naturale. Organizzazioni di conservazione e giardini botanici lavorano per preservare le popolazioni selvatiche e promuovere la coltivazione sostenibile. Per i coltivatori domestici, questo si traduce in pratiche responsabili, come evitare la raccolta indiscriminata di piante selvatiche e sostenere iniziative di conservazione.

Oggi, coltivare la Dionaea Muscipula è un'attività gratificante che combina la bellezza esotica della pianta con una comprensione approfondita delle sue esigenze ecologiche. La storia della sua coltivazione ci insegna l'importanza di apprendere e adattarsi, utilizzando tecniche basate sull'osservazione scientifica e l'esperienza pratica. Con le giuste conoscenze e tecniche, chiunque può contribuire a mantenere sana e rigogliosa questa straordinaria pianta carnivora, perpetuando una tradizione di coltivazione che risale a oltre due secoli fa.

7. Applicazioni in Botanica

La Dionaea Muscipula ha un'importanza notevole in vari ambiti della botanica e della ricerca scientifica. Questa pianta unica non è solo una curiosità biologica, ma anche un modello prezioso per studi approfonditi su adattamento, fisiologia vegetale e interazioni ecologiche. Comprendere le applicazioni scientifiche della Dionaea Muscipula può aiutare i coltivatori domestici a valorizzare ulteriormente questa straordinaria pianta e a seguire pratiche che ne riflettano la complessità biologica.

Uno degli aspetti più studiati della Dionaea Muscipula è il meccanismo di chiusura delle trappole. Questo meccanismo rappresenta uno degli esempi più sorprendenti di movimento rapido nelle piante. Quando un insetto tocca i peli sensoriali all'interno della trappola, viene generato un impulso elettrico che provoca un rapido cambiamento nella turgidità delle cellule, facendo scattare la trappola. Studiare questo processo ha permesso agli scienziati di comprendere meglio la bioelettricità nelle piante, un campo che potrebbe avere implicazioni per lo sviluppo di nuove tecnologie bioispirate.

La Dionaea Muscipula è anche un modello per lo studio del metabolismo delle piante carnivore. Dopò la cattura dell'insetto, la pianta secerne enzimi digestivi per decomporre la preda e assorbire i nutrienti. Questo processo è stato analizzato per identificare specifici enzimi e percorsi metabolici coinvolti. Per i coltivatori domestici, replicare condizioni ottimali per la digestione degli insetti è essenziale. Ad esempio, fornire prede adeguate come piccole mosche o ragni, e assicurarsi che le trappole siano in grado di chiudersi completamente, garantisce un apporto nutrizionale efficace.

Le applicazioni ecologiche della Dionaea Muscipula includono studi sulle interazioni pianta-insetto. In natura, le trappole della Dionaea Muscipula non solo catturano prede, ma possono anche influenzare la comunità di insetti locali. Questo ha portato a ricerche su come le piante carnivore possono regolamentare popolazioni di insetti e contribuire alla biodiversità. I coltivatori possono trarre vantaggio da queste conoscenze mantenendo un microambiente equilibrato intorno alla pianta, evitando l'uso di pesticidi che potrebbero ridurre la disponibilità di prede naturali.

Un'altra area di ricerca riguarda l'adattamento evolutivo della Dionaea Muscipula. Vivendo in ambienti poveri di nutrienti, questa pianta ha sviluppato un modo unico per sopravvivere e prosperare. Studiando la genetica e l'ecologia della Dionaea Muscipula, i ricercatori possono ottenere informazioni preziose su come le piante si adattano a condizioni estreme. Per i coltivatori domestici, questo significa che la pianta può tollerare alcune variazioni ambientali, ma richiede comunque condizioni specifiche di luce, umidità e substrato per crescere in modo ottimale.

La Dionaea Muscipula ha anche applicazioni educative significative. Grazie alla sua natura intrigante e alle sue caratteristiche uniche, viene spesso utilizzata come strumento didattico per insegnare concetti di biologia, ecologia e fisiologia vegetale. Coltivare questa pianta in classe o a casa può stimolare l'interesse per le scienze naturali, incoraggiando l'osservazione e la sperimentazione. Ad esempio, gli studenti possono osservare il processo di cattura delle prede e la digestione, documentando i cambiamenti nelle trappole nel tempo.

Le ricerche sulla Dionaea Muscipula hanno anche portato a scoperte sulle proprietà medicinali di alcune piante carnivore. Sebbene la Dionaea stessa non sia attualmente utilizzata in medicina, lo studio dei composti bioattivi presenti in piante carnivore correlate ha aperto nuove strade per la ricerca farmacologica. Questo sottolinea l'importanza della conservazione e della coltivazione sostenibile di queste piante uniche.

Infine, la Dionaea Muscipula ha trovato applicazioni nel design e nell'arte. La sua forma distintiva e il comportamento unico delle trappole hanno ispirato artisti e designer in tutto il mondo. Coltivare questa pianta può aggiungere un elemento di meraviglia visiva agli spazi domestici, e i coltivatori possono esplorare modi creativi per esporla, come l'uso di terrari decorativi o l'integrazione in giardini verticali.

In sintesi, la Dionaea Muscipula è molto più di una pianta esotica; è un organismo che offre infinite opportunità di esplorazione scientifica e educativa. Per i coltivatori domestici, apprezzare le numerose applicazioni della Dionaea Muscipula può arricchire l'esperienza di coltivazione, incoraggiando un approccio informato e rispettoso verso questa affascinante pianta carnivora.

8. Coltivazione Domestica

Coltivare la Dionaea Muscipula in appartamento può essere una sfida gratificante se si seguono alcune linee guida essenziali. Questa pianta carnivora, nota anche come Venus flytrap, richiede condizioni specifiche che imitino il suo habitat naturale per prosperare. In questo paragrafo, forniremo una panoramica dettagliata delle tecniche pratiche per coltivare con successo la Dionaea Muscipula in casa.

Prima di tutto, la scelta del **substrato** è cruciale. La Dionaea Muscipula cresce naturalmente in terreni poveri di nutrienti e acidi, quindi è fondamentale utilizzare una miscela adeguata. Una combinazione efficace è quella composta da torba di sfagno e perlite, in parti uguali. Evitate di usare terriccio normale o fertilizzanti, poiché i nutrienti in eccesso possono danneggiare la pianta. Per preparare il substrato, mescolate bene i componenti e assicuratevi che sia ben drenante per prevenire il ristagno d'acqua, che può causare marciume radicale.

L'**irrigazione** è un altro aspetto fondamentale. La Dionaea Muscipula è molto sensibile ai minerali presenti nell'acqua del rubinetto. Utilizzate sempre acqua distillata, demineralizzata o piovana per innaffiare la pianta. Il metodo migliore è quello del "sottovaso", che prevede di riempire un sottovaso con acqua e lasciare che la pianta assorba l'umidità dal fondo. Mantenete il sottovaso sempre con un po' d'acqua, assicurandovi che il substrato rimanga costantemente umido ma non inzuppato.

La **luce** è essenziale per la fotosintesi e la salute generale della Dionaea Muscipula. Questa pianta richiede molta luce solare diretta, almeno 4-6 ore al giorno. Posizionate la pianta vicino a una finestra esposta a sud o utilizzate luci artificiali a spettro completo se la luce naturale è insufficiente. Le luci LED per piante sono una buona opzione, in quanto forniscono l'intensità luminosa necessaria senza surriscaldare la pianta.

La **temperatura e l'umidità** sono altri fattori chiave. La Dionaea Muscipula preferisce temperature moderate, tra 20 e 30 gradi Celsius durante il giorno e leggermente più fresche di notte. L'umidità dovrebbe essere mantenuta intorno al 50-70%. In ambienti troppo secchi, considerate l'uso di un umidificatore o collocate la pianta in un terrario aperto, che può aiutare a mantenere l'umidità senza compromettere la ventilazione.

La gestione della **dormienza invernale** è essenziale per il ciclo di vita della Dionaea Muscipula. Durante i mesi invernali, la pianta entra in una fase di riposo e necessita di condizioni fresche, con temperature tra 5 e 10 gradi Celsius. Riducete l'irrigazione e spostate la pianta in un luogo meno illuminato per simulare le condizioni invernali naturali. Questa fase è cruciale per la salute a lungo termine della pianta, poiché permette alla Dionaea Muscipula di riposare e accumulare energia per la crescita primaverile.

Per quanto riguarda **l'alimentazione**, è importante ricordare che la Dionaea Muscipula ottiene la maggior parte dei suoi nutrienti dalle prede che cattura. In un ambiente domestico, potete occasionalmente nutrire la pianta con piccoli insetti vivi come mosche, ragni o formiche. Evitate di sovralimentarla e non utilizzate mai carne o cibi non adatti, poiché possono decomporre e danneggiare la trappola. Ogni trappola può catturare solo pochi insetti prima di morire e venire sostituita da nuove trappole.

La **potatura** è un'altra pratica utile per mantenere la pianta in salute. Rimuovete regolarmente le trappole morte o danneggiate per prevenire la formazione di muffe e malattie. Usate forbici sterilizzate per evitare infezioni. La potatura non solo migliora l'aspetto della pianta, ma stimola anche la crescita di nuove trappole.

Infine, la **riproduzione** della Dionaea Muscipula può essere effettuata tramite divisione dei rizomi o semina. La divisione dei rizomi è il metodo più semplice e consiste nel separare le piante figlie dalla pianta madre durante il rinvaso. La semina richiede più pazienza, poiché i semi devono essere stratificati a freddo e poi seminati su un substrato adatto. In entrambi i casi, mantenete un'alta umidità e una luce adeguata per favorire la crescita delle giovani piante.

Seguendo queste linee guida, potrete coltivare con successo la Dionaea Muscipula in appartamento, godendo della sua bellezza e unicità. Con attenzione e pratica, anche i coltivatori principianti possono mantenere questa pianta carnivora sana e rigogliosa.

9. Aspetti Legali

Prima di iniziare la coltivazione della Dionaea Muscipula in ambiente domestico, è importante considerare gli aspetti legali relativi alla proprietà e alla coltivazione di questa pianta. Sebbene la Dionaea Muscipula sia una pianta comunemente coltivata in tutto il mondo, in alcuni luoghi potrebbero essere in vigore normative specifiche che regolamentano la sua coltivazione e il suo possesso.

In molti paesi, la Dionaea Muscipula non è soggetta a restrizioni particolari, e può essere acquistata e coltivata liberamente senza necessità di permessi speciali. Tuttavia, è sempre consigliabile verificare le leggi locali e regionali per essere certi di essere conformi alla normativa vigente.

In alcune aree, potrebbe essere richiesta una licenza o un permesso per la coltivazione di piante carnivore, compresa la Dionaea Muscipula. Questo potrebbe essere il caso se la pianta è considerata una specie protetta o se viene coltivata in quantità commerciali. Prima di acquistare la pianta o di avviare un progetto di coltivazione su larga scala, è consigliabile informarsi presso le autorità locali o i dipartimenti agricoli per verificare se siano richieste autorizzazioni particolari.

Un altro aspetto da considerare è **l'importazione e l'esportazione** della Dionaea Muscipula da e verso altri paesi. In alcuni casi, potrebbe essere necessario ottenere un certificato fitosanitario o un permesso speciale per trasportare la pianta attraverso i confini nazionali. Questo è particolarmente importante se si desidera acquistare piante provenienti da paesi stranieri o se si vuole vendere la propria produzione all'estero. Verificate sempre i requisiti di importazione ed esportazione prima di procedere con qualsiasi trasferimento di piante o materiali vegetali.

Infine, è importante prestare attenzione alle **specie protette** e alle normative sulla conservazione della biodiversità. Anche se la Dionaea Muscipula non è una specie in pericolo di estinzione, in alcune regioni potrebbero esistere regolamenti che ne limitano la raccolta o la commercializzazione. Assicuratevi di acquistare piante da fonti legali e rispettare le leggi sulla conservazione della natura e sulla protezione delle specie vegetali.

In conclusione, prima di avviare la coltivazione della Dionaea Muscipula in casa, è importante familiarizzare con gli aspetti legali e normativi che regolano la sua proprietà e il suo utilizzo. Questo vi permetterà di evitare problemi legali e di coltivare la pianta in modo responsabile e conforme alla legge.

10. Motivazioni per Coltivare una Dionaea Muscipula

La decisione di coltivare una Dionaea Muscipula può essere motivata da una varietà di ragioni, sia pratiche che emotive. Questa pianta carnivora, con le sue trappole affascinanti e il suo comportamento unico, offre molteplici vantaggi e soddisfazioni per il coltivatore domestico.

Innanzitutto, la Dionaea Muscipula è una pianta **affascinante da osservare**. Il suo movimento rapido e preciso delle trappole in risposta agli insetti è uno spettacolo unico che affascina sia adulti che bambini. Coltivare una Dionaea in casa può aggiungere un elemento di meraviglia e interesse ai vostri spazi domestici, incoraggiando l'osservazione attenta e lo studio della natura.

Inoltre, la Dionaea Muscipula è una **pianta educativa** straordinaria. Coltivarla in casa offre l'opportunità di imparare di più sulla biologia delle piante carnivore, l'ecologia degli ambienti paludosi e i meccanismi di adattamento delle piante a habitat estremi. Questa pianta può essere un ottimo strumento didattico per insegnare ai bambini concetti scientifici come la fotosintesi, la nutrizione delle piante e le interazioni pianta-insetto.

Dal punto di vista della **conservazione**, coltivare una Dionaea Muscipula in casa può contribuire alla protezione di questa specie unica e affascinante. Molte popolazioni selvatiche di Dionaea sono minacciate dalla perdita di habitat e dalla raccolta eccessiva. Coltivare la pianta in casa, anziché acquistarla da fonti non certificate o raccoglierla in natura, aiuta a ridurre la pressione sulle popolazioni selvatiche e promuove la conservazione delle piante carnivore.

Inoltre, la Dionaea Muscipula può essere **utile per il controllo degli insetti in casa**. Anche se non è in grado di eliminare completamente una infestazione di insetti, le trappole della Dionaea possono contribuire a catturare e controllare le popolazioni di insetti volanti che possono essere fastidiosi o dannosi per la casa e le piante circostanti. Coltivare una Dionaea in casa può quindi essere una forma di controllo biologico naturale e sostenibile.

Infine, coltivare una Dionaea Muscipula in casa può essere **terapeuticamente benefico**. Molte persone trovano pace e soddisfazione nel prendersi cura delle piante, e la Dionaea non è diversa. Osservare la crescita e lo sviluppo della pianta, interagire con le sue trappole e mantenere un ambiente ottimale per la sua crescita può essere un'attività rilassante e gratificante. In un mondo sempre più tecnologico e frenetico, dedicare del tempo alla cura di una pianta può essere un modo per riconnettersi con la natura e ridurre lo stress.

In conclusione, ci sono molte motivazioni per coltivare una Dionaea Muscipula in casa, dalle ragioni pratiche alla ricerca di soddisfazione personale. Indipendentemente dalle vostre motivazioni, la Dionaea Muscipula è una pianta affascinante e unica che può portare gioia e arricchimento alla vostra vita domestica.

II. Preparazione alla Coltivazione

1. Scelta del Sito

La corretta scelta del sito per la coltivazione della Dionaea Muscipula è fondamentale per garantire il suo sano sviluppo e la sua prosperità. Poiché questa pianta carnivora richiede condizioni specifiche per crescere bene, è importante scegliere un luogo che soddisfi le sue esigenze ambientali. In questo primo paragrafo, esploreremo i diversi aspetti da considerare nella scelta del sito ideale per la vostra Dionaea Muscipula in appartamento.

Innanzitutto, è essenziale **valutare la luminosità** del luogo. La Dionaea Muscipula richiede una quantità significativa di luce solare diretta per svolgere efficacemente la fotosintesi e mantenere la sua salute generale. Pertanto, scegliete un luogo che riceva almeno 4-6 ore di luce solare diretta al giorno. Le finestre esposte a sud sono spesso la scelta migliore, in quanto ricevono la maggior quantità di luce solare durante il giorno. Se non è possibile posizionare la pianta vicino a una finestra esposta a sud, potete considerare l'uso di luci artificiali a spettro completo per integrare la luce naturale.

Un altro aspetto da considerare è la **temperatura ambientale**. La Dionaea Muscipula prospera in ambienti moderatamente caldi durante il giorno, con temperature comprese tra i 20 e i 30 gradi Celsius, e leggermente più freschi di notte. Evitate di posizionare la pianta in luoghi soggetti a sbalzi di temperatura e correnti d'aria, poiché questo potrebbe stressarla e compromettere la sua salute. Se vivete in una zona con inverni freddi, assicuratevi di proteggere la pianta dalle temperature estreme eccessive, ad esempio posizionandola lontano dalle finestre durante i mesi più freddi.

La **ventilazione** è un altro fattore importante da considerare nella scelta del sito. Sebbene la Dionaea Muscipula richieda una buona circolazione d'aria per prevenire la formazione di muffe e malattie fungine, è importante evitare correnti d'aria dirette eccessivamente forti che potrebbero danneggiare le foglie e le trappole della pianta. Scegliete un luogo con una ventilazione adeguata, ma evitate di posizionare la pianta vicino a ventilatori o bocchette d'aria.

Infine, considerate anche l'**umidità** dell'ambiente. La Dionaea Muscipula prospera in ambienti umidi, con un'umidità relativa intorno al 50-70%. Tuttavia, è importante evitare eccessi di umidità che potrebbero favorire lo sviluppo di muffe e malattie fungine. Assicuratevi che il luogo scelto abbia un'umidità adeguata e, se necessario, utilizzate un umidificatore per mantenere l'umidità al livello ottimale.

In conclusione, scegliere il sito giusto per la coltivazione della Dionaea Muscipula è essenziale per garantire il suo sano sviluppo e la sua prosperità. Valutate attentamente la luminosità, la temperatura, la ventilazione e l'umidità dell'ambiente per creare le condizioni ottimali per la vostra pianta carnivora.

2. Tipi di Contenitori

La scelta del contenitore giusto per la Dionaea Muscipula è un passo fondamentale nella preparazione dell'ambiente di coltivazione. Un contenitore adatto fornisce alla pianta spazio sufficiente per crescere, un buon drenaggio per evitare il ristagno d'acqua e stabilità per mantenere la pianta in posizione. In questo secondo paragrafo, esploreremo i diversi tipi di contenitori disponibili e le loro caratteristiche per aiutarvi a scegliere quello più adatto alle vostre esigenze di coltivazione.

Vasi in plastica: I vasi in plastica sono tra le opzioni più comuni e convenienti per coltivare la Dionaea Muscipula. Sono leggeri, economici e disponibili in una varietà di dimensioni. Assicuratevi di scegliere vasi con fori di drenaggio nella parte inferiore per consentire all'acqua in eccesso di defluire facilmente. I vasi in plastica sono anche facili da pulire e possono essere utilizzati per la coltivazione sia all'interno che all'esterno.

Vasi in terracotta: I vasi in terracotta sono un'altra opzione popolare per la coltivazione della Dionaea Muscipula. Questi vasi sono porosi e permettono alla radice della pianta di respirare, aiutando a prevenire il ristagno d'acqua. Tuttavia, possono esserne più suscettibili alla formazione di alghe sulle pareti interne. Assicuratevi di scegliere vasi in terracotta di buona qualità e di dimensioni adeguate alla crescita della vostra pianta.

Vasi autopulenti: I vasi autopulenti sono una scelta interessante per coloro che desiderano ridurre al minimo la manutenzione e il rischio di malattie fungine. Questi vasi sono progettati con un serbatoio d'acqua nella parte inferiore che fornisce idratazione alla pianta in modo graduale. Ciò aiuta a mantenere costante l'umidità del substrato e a ridurre la necessità di innaffiare frequentemente. Tuttavia, è importante controllare regolarmente il livello dell'acqua nel serbatoio per evitare il ristagno.

Vasi decorativi: Se desiderate aggiungere un tocco decorativo al vostro ambiente domestico, potete optare per vasi decorativi che si adattino al vostro stile e alla vostra estetica. Tuttavia, assicuratevi che il vaso scelto abbia comunque caratteristiche di drenaggio adeguate e che sia di dimensioni adeguate alla crescita della vostra pianta. Evitate vasi senza fori di drenaggio o con sottovasi stagnanti, poiché ciò potrebbe compromettere la salute della vostra Dionaea Muscipula.

Indipendentemente dal tipo di contenitore che scegliete, assicuratevi che sia pulito e disinfettato prima di utilizzarlo per la coltivazione della Dionaea Muscipula. Questo aiuterà a prevenire la propagazione di malattie e parassiti che potrebbero danneggiare la vostra pianta. Con una scelta oculata del contenitore, potrete creare un ambiente ideale per la vostra Dionaea Muscipula e favorire la sua crescita sana e vigorosa.

3. Substrato Ideale

La scelta del substrato giusto è cruciale per garantire una crescita sana e robusta della Dionaea Muscipula. Un substrato adatto fornisce sostegno alle radici, mantiene un adeguato livello di umidità e favorisce il corretto assorbimento dei nutrienti. In questo terzo paragrafo, esploreremo le caratteristiche del substrato ideale per la coltivazione della vostra pianta carnivora in appartamento.

Il substrato più comunemente usato e consigliato per la Dionaea Muscipula è una miscela di **torba di sfagno e perlite**. La torba di sfagno è un materiale organico che fornisce sostegno alle radici e trattiene l'umidità, mantenendo il substrato costantemente umido senza diventare acquoso. La perlite è un minerale poroso che migliora il drenaggio del substrato, prevenendo il ristagno d'acqua che potrebbe causare marciume radicale. Una miscela di torba di sfagno e perlite in parti uguali offre una combinazione ottimale di drenaggio e ritenzione idrica per la Dionaea Muscipula.

È importante notare che il substrato per la Dionaea Muscipula deve essere **acido e privo di nutrienti**. Questa pianta carnivora cresce naturalmente in terreni poveri di nutrienti e acidi, e un substrato troppo ricco di sostanze nutritive potrebbe danneggiare le sue radici sensibili. Evitate quindi di utilizzare terricci comuni o fertilizzanti, che potrebbero contenere nutrienti e sali dannosi per la vostra pianta. Assicuratevi di scegliere torba di sfagno e perlite di alta qualità, senza l'aggiunta di fertilizzanti o altri additivi.

Quando preparate il substrato per la Dionaea Muscipula, assicuratevi di mescolare bene la torba di sfagno e la perlite per ottenere una distribuzione uniforme dei materiali. Potete anche aggiungere una piccola quantità di sabbia di silice per migliorare ulteriormente il drenaggio, se necessario. Il substrato dovrebbe essere leggermente umido ma non inzuppato quando lo utilizzate per rinvasare o trapiantare la vostra pianta.

Infine, è importante ricordare che il substrato per la Dionaea Muscipula potrebbe **degradarsi nel tempo** a causa della decomposizione della torba di sfagno e della crescita di alghe o muschi. Per mantenere il substrato in buone condizioni, potete sostituire il terreno ogni anno o due e pulire eventuali residui o detriti dalle radici della pianta durante il rinvaso. Questo aiuterà a garantire un ambiente sano e favorevole alla crescita della vostra Dionaea Muscipula nel tempo.

Scegliere il substrato giusto è fondamentale per il successo della coltivazione della Dionaea Muscipula in appartamento. Con una miscela equilibrata di torba di sfagno e perlite, potrete fornire alla vostra pianta carnivora le condizioni ottimali per prosperare e crescere vigorosa nel vostro ambiente domestico.

4. Preparazione del Substrato

La corretta preparazione del substrato è un passo fondamentale per garantire il successo della coltivazione della Dionaea Muscipula. In questo quarto paragrafo, esploreremo i passaggi dettagliati per preparare il substrato ideale per la vostra pianta carnivora in appartamento.

1. **Raccogliere i materiali necessari:** Per preparare il substrato per la Dionaea Muscipula, avrete bisogno di torba di sfagno, perlite e, se lo desiderate, una piccola quantità di sabbia di silice. Assicuratevi di acquistare materiali di alta qualità da fonti affidabili per garantire la salute della vostra pianta.

2. **Misurare le proporzioni:** Per ottenere una miscela equilibrata, è importante misurare accuratamente le proporzioni di torba di sfagno e perlite. Una proporzione comune è 1 parte di torba di sfagno e 1 parte di perlite, ma potete regolare le proporzioni in base alle esigenze specifiche della vostra pianta e alle condizioni ambientali.

3. **Mescolare i materiali:** In un contenitore pulito e disinfettato, mescolate la torba di sfagno e la perlite fino a ottenere una miscela omogenea. Assicuratevi di rompere eventuali grumi e di distribuire uniformemente i materiali per garantire un drenaggio adeguato e una ritenzione idrica ottimale.

4. **Aggiungere la sabbia di silice (opzionale):** Se desiderate migliorare ulteriormente il drenaggio del substrato, potete aggiungere una piccola quantità di sabbia di silice alla miscela. Mescolate la sabbia con gli altri materiali fino a ottenere una distribuzione uniforme.

5. **Umidificare il substrato:** Prima di utilizzare il substrato per rinvasare o trapiantare la vostra Dionaea Muscipula, assicuratevi di umidificarlo leggermente. Aggiungete acqua pulita alla miscela e mescolate bene fino a quando il substrato ha raggiunto una consistenza uniformemente umida ma non inzuppata.

6. **Testare il drenaggio:** Prima di utilizzare il substrato, verificate il suo drenaggio mettendo una piccola quantità in un contenitore e versando dell'acqua. L'acqua dovrebbe defluire rapidamente attraverso il substrato senza ristagnare sulla superficie. Se il drenaggio è lento, potete aggiungere più perlite alla miscela per migliorarlo.

7. **Pulire e disinfettare gli attrezzi:** Infine, assicuratevi di pulire e disinfettare gli attrezzi utilizzati per preparare il substrato, come contenitori, palette e secchi. Questo aiuterà a prevenire la contaminazione da malattie o parassiti che potrebbero danneggiare la vostra pianta.

Seguendo questi passaggi, sarete in grado di preparare un substrato di alta qualità per la vostra Dionaea Muscipula, fornendole le condizioni ottimali per una crescita sana e vigorosa nel vostro ambiente domestico.

5. Sterilizzazione degli Strumenti

La sterilizzazione degli strumenti è un passo essenziale nella preparazione dell'ambiente per la coltivazione della Dionaea Muscipula. Gli strumenti sporchi o contaminati possono trasferire malattie o parassiti alla vostra pianta, comprometterne la salute e la crescita. In questo quinto paragrafo, esploreremo i metodi per sterilizzare gli strumenti in modo efficace e sicuro.

1. **Pulizia preliminare:** Prima di procedere con la sterilizzazione, è importante pulire gli strumenti accuratamente per rimuovere eventuali residui di terra, polvere o detriti. Utilizzate acqua calda e sapone neutro per lavare gli attrezzi, quindi risciacquateli accuratamente sotto l'acqua corrente.

2. **Immersione in soluzione disinfettante:** Dopo la pulizia preliminare, immergete gli strumenti in una soluzione disinfettante per sterilizzarli completamente. Potete utilizzare una soluzione di candeggina diluita (1 parte di candeggina per 9 parti di acqua) o un disinfettante commerciale specifico per attrezzi da giardinaggio. Assicuratevi di seguire attentamente le istruzioni del produttore per la diluizione e l'uso del disinfettante.

3. **Tempo di immersione:** Lasciate gli strumenti immersi nella soluzione disinfettante per almeno 5-10 minuti, o per il tempo consigliato dal produttore del disinfettante. Questo assicurerà che tutti i batteri, virus o funghi presenti sugli strumenti vengano completamente eliminati.

4. **Risciacquo:** Dopo il tempo di immersione, risciacquate gli strumenti accuratamente sotto l'acqua corrente per rimuovere eventuali residui di disinfettante. Assicuratevi che non rimanga alcun odore di candeggina o disinfettante sugli strumenti, in quanto ciò potrebbe danneggiare le radici sensibili della Dionaea Muscipula.

5. **Asciugatura:** Una volta risciacquati, asciugate gli strumenti completamente con un panno pulito o lasciateli asciugare all'aria. Evitate di utilizzare strumenti bagnati o umidi per manipolare la vostra pianta, in quanto l'umidità eccessiva potrebbe favorire lo sviluppo di muffe o malattie.

6. **Riporre gli strumenti puliti:** Una volta sterilizzati e asciugati, riponete gli strumenti in un luogo pulito e asciutto fino al momento dell'uso. Evitate di toccare le parti sterilizzate degli strumenti con le mani non sterilizzate per prevenire la contaminazione.

Seguendo questi semplici passaggi, sarete in grado di sterilizzare gli strumenti in modo efficace e sicuro, riducendo al minimo il rischio di trasferimento di malattie o parassiti alla vostra Dionaea Muscipula.

6. Scelta dei Semi o delle Piante Giovani

La scelta dei semi o delle piante giovani è un passo cruciale nella coltivazione della Dionaea Muscipula. Sebbene sia possibile coltivare questa pianta carnivora sia dai semi che dalle piante giovani, entrambe le opzioni presentano vantaggi e considerazioni specifiche. In questo sesto paragrafo, esploreremo i fattori da considerare nella scelta dei semi o delle piante giovani per avviare con successo la vostra coltivazione.

Semi:

La coltivazione della Dionaea Muscipula dai semi è un processo affascinante che offre la possibilità di osservare ogni fase dello sviluppo della pianta, dal seme alla maturità. Quando scegliete i semi per la vostra coltivazione, assicuratevi di acquistare semi freschi e di alta qualità da fonti affidabili. I semi devono essere scuri, privi di muffa e di dimensioni uniformi.

Per piantare i semi, preparate un vassoio di semina o un vaso con un substrato leggero e ben drenato, come una miscela di torba di sfagno e perlite. Distribuite i semi sulla superficie del substrato e premeteli delicatamente per assicurare il contatto con il terreno. Coprite il vassoio con un coperchio trasparente o una pellicola trasparente per creare un ambiente umido e proteggere i semi dalla disidratazione.

Piante Giovani:

Se preferite avviare la vostra coltivazione con piante giovani anziché dai semi, potete acquistare piante carnivore giovani da vivai specializzati o online. Quando scegliete le piante giovani, cercate piante robuste e sane con foglie e trappole ben sviluppate. Evitate piante con segni evidenti di malattia o stress, come foglie ingiallite o trappole danneggiate.

Quando piantate piante giovani, preparate un vaso o un contenitore con il substrato scelto e praticate un buco nel terreno della dimensione della radice della pianta. Posizionate delicatamente la pianta nel buco e coprite le radici con il substrato, premendo leggermente per assicurare una buona adesione. Annaffiate bene la pianta dopo il trapianto e posizionatela in un luogo luminoso con una buona ventilazione.

Indipendentemente dalla vostra scelta, sia che decidiate di coltivare la vostra Dionaea Muscipula dai semi o dalle piante giovani, è importante fornire alle vostre piante le condizioni ottimali per la crescita. Seguite attentamente le istruzioni di coltivazione specifiche per la Dionaea Muscipula e monitorate regolarmente le vostre piante per garantire la loro salute e il loro benessere.

7. Acquisto e Fonti Affidabili

L'acquisto di semi o piante giovani di Dionaea Muscipula da fonti affidabili è un passo critico per garantire il successo della vostra coltivazione. In questo settimo paragrafo, esploreremo le migliori fonti per acquistare semi o piante giovani e forniremo consigli su come identificare venditori affidabili.

Vivai specializzati: I vivai specializzati nella coltivazione di piante carnivore sono spesso la migliore fonte per acquistare semi o piante giovani di Dionaea Muscipula. Questi vivai hanno spesso una vasta esperienza nella coltivazione di piante carnivore e offrono una selezione di varietà e cultivar di alta qualità. Prima di effettuare un acquisto, assicuratevi di fare ricerche sui vivai e leggere le recensioni di altri clienti per garantire che siano affidabili e rinomati.

Negozio online specializzato: Ci sono numerosi negozi online specializzati nella vendita di piante carnivore, comprese le Dionaea Muscipula. Questi negozi offrono una comoda opzione per l'acquisto di semi o piante giovani, specialmente se non avete accesso a vivai locali specializzati. Prima di fare un acquisto, assicuratevi di controllare la reputazione del negozio online, leggendo recensioni e valutazioni da parte di altri clienti.

Associazioni di appassionati di piante carnivore: Le associazioni di appassionati di piante carnivore spesso organizzano scambi di piante o vendite tra i propri membri. Partecipare a queste associazioni può offrire l'opportunità di acquistare piante o semi di Dionaea Muscipula da coltivatori esperti e appassionati. Inoltre, potete beneficiare di consigli e supporto dalla comunità di appassionati di piante carnivore.

Eventi e fiere specializzate: Le fiere di piante o gli eventi specializzati nella coltivazione di piante carnivore sono un'ottima occasione per acquistare piante o semi di Dionaea Muscipula direttamente dai coltivatori. Questi eventi offrono l'opportunità di vedere le piante di persona, fare domande ai coltivatori e scegliere tra una varietà di varietà e cultivar.

Indipendentemente dalla fonte che scegliete, assicuratevi di fare ricerche approfondite e di acquistare da venditori affidabili e rinomati. Evitate di acquistare da venditori non verificati o non professionisti, in quanto potreste essere esposti al rischio di ricevere piante di scarsa qualità o addirittura contraffatte. Con un po' di attenzione e ricerca, sarete in grado di trovare le migliori fonti per acquistare semi o piante giovani di Dionaea Muscipula e avviare con successo la vostra coltivazione.

8. Conservazione dei Semi

La corretta conservazione dei semi è fondamentale per mantenere la loro vitalità e garantire il successo della germinazione quando li piantate. Se avete acquistato semi di Dionaea Muscipula o li avete raccolti da piante mature, seguire le giuste pratiche di conservazione vi permetterà di conservarli nel miglior stato possibile. In questo ottavo paragrafo, esploreremo i metodi per conservare i semi della Dionaea Muscipula in modo efficace e duraturo.

Asciugatura: Prima di conservare i semi, assicuratevi che siano completamente asciutti. Questo è fondamentale per prevenire la formazione di muffe o muffe durante la conservazione. Potete asciugare i semi stendendoli su un foglio di carta assorbente o un setaccio per alcuni giorni, evitando l'esposizione diretta alla luce solare o all'umidità eccessiva.

Contenitori ermetici: Conservate i semi in contenitori ermetici per proteggerli dall'umidità e dall'aria. I contenitori ermetici, come barattoli di vetro o sacchetti ermetici, sono ideali per questo scopo. Assicuratevi che i contenitori siano puliti e completamente asciutti prima di inserire i semi al loro interno.

Ambiente fresco e buio: Conservate i contenitori dei semi in un luogo fresco e buio per prolungarne la durata. Una dispensa o un armadio buio sono opzioni adatte per questo scopo. Evitate di esporre i semi alla luce solare diretta o a temperature elevate, in quanto ciò potrebbe comprometterne la vitalità.

Etichettatura: Etichettate chiaramente i contenitori dei semi con il nome della pianta e la data di raccolta o di acquisto. Questo vi permetterà di tenere traccia della provenienza dei semi e della loro freschezza nel tempo. Utilizzate un pennarello permanente o un'etichetta adesiva resistente all'umidità per garantire che l'etichetta rimanga leggibile nel tempo.

Controllo periodico: Controllate periodicamente i contenitori dei semi per assicurarvi che siano ancora in buone condizioni. Se notate segni di muffa, umidità o deterioramento, sostituite immediatamente i contenitori o i sacchetti per evitare danni ai semi.

Seguendo queste pratiche di conservazione, sarete in grado di conservare i semi della Dionaea Muscipula in condizioni ottimali per la germinazione e la crescita successiva. Con una corretta conservazione, sarete pronti a piantare i vostri semi quando arriverà il momento giusto, dando così il via alla vostra avventura nella coltivazione di questa affascinante pianta carnivora.

9. Pianificazione dello Spazio di Coltivazione

La Dionaea Muscipula è una pianta che richiede cure specifiche e un ambiente adatto per crescere e prosperare. Prima di iniziare la coltivazione, è essenziale pianificare lo spazio in cui coltiverete le vostre piante carnivore. In questo nono paragrafo, esploreremo i principali fattori da considerare nella pianificazione dello spazio di coltivazione per la Dionaea Muscipula in un ambiente domestico.

Luminosità: La luce è uno dei fattori più critici per la crescita della Dionaea Muscipula. Scegliete un luogo ben illuminato, possibilmente vicino a una finestra orientata a sud o a ovest, dove la pianta possa ricevere almeno 4-6 ore di luce solare diretta al giorno. Se non avete accesso a una quantità sufficiente di luce naturale, potete integrare con lampade a LED ad alta intensità.

Temperatura: La Dionaea Muscipula prospera in condizioni di temperatura moderate, preferibilmente tra i 20°C e i 30°C durante il giorno e leggermente più fresco durante la notte. Evitate posizioni soggette a sbalzi di temperatura e correnti d'aria, che potrebbero stressare la pianta.

Umidità: Questa pianta carnivora richiede un'umidità relativamente alta per prosperare. Se l'aria della vostra casa è molto secca, potete aumentare l'umidità intorno alla pianta utilizzando un umidificatore o posizionando il vaso su un vassoio riempito con ciottoli e acqua.

Spazio di crescita: Assicuratevi di avere abbastanza spazio per ospitare le vostre piante carnivore. La Dionaea Muscipula può raggiungere dimensioni considerevoli, specialmente durante la stagione di crescita attiva, quindi fornite abbastanza spazio per lo sviluppo delle foglie e delle trappole.

Contenitori e vasi: Utilizzate contenitori o vasi che abbiano fori di drenaggio e che siano abbastanza profondi per ospitare le radici della pianta. Scegliete contenitori trasparenti o traslucidi per permettere alla luce di raggiungere le radici e osservare il livello dell'acqua nel vaso.

Protezione dagli insetti: La Dionaea Muscipula può attrarre insetti, ma è importante proteggerla da quelli dannosi. Se notate la presenza di insetti nocivi come afidi o mosche bianche, intervenite tempestivamente con misure di controllo biologico o insetticidi naturali.

Pianificare attentamente lo spazio di coltivazione per la vostra Dionaea Muscipula vi aiuterà a creare un ambiente ottimale per la crescita e la salute della vostra pianta carnivora. Assicuratevi di considerare tutti i fattori sopra menzionati e adattare le condizioni ambientali alle esigenze specifiche della vostra pianta.

10. Impostazione delle Condizioni di Crescita

Una volta pianificato lo spazio di coltivazione per la vostra Dionaea Muscipula, è fondamentale impostare le condizioni di crescita ottimali per garantire una sana e vigorosa crescita della pianta carnivora. In questo decimo paragrafo, esploreremo i passaggi per creare un ambiente ideale per la vostra Dionaea Muscipula in appartamento.

Illuminazione: Assicuratevi che la vostra pianta riceva una quantità adeguata di luce solare diretta o artificiale. Se coltivate la Dionaea Muscipula all'interno, posizionatela in un luogo luminoso vicino a una finestra dove possa ricevere almeno 4-6 ore di luce solare diretta al giorno. Se necessario, integrate con lampade a LED ad alta intensità, posizionate a una distanza di circa 20-30 centimetri dalla pianta.

Temperatura: Mantenete la temperatura intorno alla vostra pianta nella gamma ottimale di 20-30°C durante il giorno e leggermente più fresca di notte. Evitate sbalzi di temperatura improvvisi e posizionate la pianta lontano da fonti di calore o correnti d'aria che potrebbero stressarla.

Umidità: La Dionaea Muscipula richiede un'umidità relativa moderata per crescere bene. Mantenete l'umidità intorno alla pianta tra il 50% e il 60%. Se l'umidità dell'aria è troppo bassa, utilizzate un umidificatore o posizionate il vaso su un vassoio con ciottoli e acqua.

Substrato: Utilizzate un substrato ben drenato e privo di sostanze nutritive come una miscela di torba di sfagno e perlite. Evitate l'uso di terriccio normale o substrati arricchiti, poiché possono causare danni alle radici della pianta carnivora.

Acqua: Mantenete il terreno costantemente umido ma non completamente saturo. Utilizzate acqua distillata, demineralizzata o piovana, evitando l'uso di acqua del rubinetto che potrebbe contenere cloro o minerali dannosi per la pianta.

Fertilizzanti: Evitate l'uso di fertilizzanti commerciali sulla vostra Dionaea Muscipula, poiché possono danneggiare le radici sensibili della pianta. Questa pianta carnivora è in grado di ottenere tutti i nutrienti di cui ha bisogno catturando insetti nelle sue trappole.

Monitoraggio: Monitorate regolarmente le condizioni di crescita della vostra pianta, inclusa l'umidità del terreno, la temperatura e la presenza di insetti o malattie. Effettuate eventuali regolazioni necessarie per mantenere un ambiente ottimale per la vostra Dionaea Muscipula.

Seguendo attentamente questi passaggi per impostare le condizioni di crescita ideali, sarete in grado di fornire alla vostra Dionaea Muscipula l'ambiente ottimale per crescere sana e forte, garantendo così il successo della vostra coltivazione.

III. Semina e Germinazione

1. Metodi di Semina

La semina è uno dei primi passi cruciali nella coltivazione della Dionaea Muscipula e può essere effettuata utilizzando diversi metodi. In questo terzo capitolo, esploreremo i vari approcci alla semina della Dionaea Muscipula, fornendo istruzioni dettagliate su ciascun metodo per aiutarvi a scegliere quello più adatto alle vostre esigenze e condizioni di coltivazione.

Semina diretta: Il metodo più comune per seminare la Dionaea Muscipula è la semina diretta nel substrato. Per questo metodo, preparate un vaso o un contenitore con un substrato leggero e ben drenato, come una miscela di torba di sfagno e perlite. Distribuite i semi sulla superficie del substrato e premeteli delicatamente per assicurare il contatto con il terreno. Coprite il vaso con un coperchio trasparente o una pellicola trasparente per creare un ambiente umido e proteggere i semi dalla disidratazione. Posizionate il vaso in un luogo luminoso con una temperatura costante tra i 20°C e i 30°C e mantenete il terreno costantemente umido ma non completamente saturato.

Scarificazione dei semi: Alcuni coltivatori praticano la scarificazione dei semi di Dionaea Muscipula per aumentare il tasso di germinazione. Questo processo coinvolge la rimozione della membrana esterna dura che avvolge il seme, consentendo all'acqua di penetrare più facilmente e accelerando la germinazione. Per scarificare i semi, potete immergerli in acqua calda per alcuni minuti o sfregarli delicatamente con carta vetrata fine prima della semina.

Stratificazione dei semi: La stratificazione dei semi è un'altra tecnica che può essere utilizzata per migliorare il tasso di germinazione dei semi di Dionaea Muscipula. Questo processo simula le condizioni di freddo invernale che stimolano la germinazione dei semi. Per stratificare i semi, metteteli in un sacchetto di plastica con un substrato umido come vermiculite o torba di sfagno e posizionateli nel frigorifero per 4-6 settimane prima della semina.

Semina in acqua: Alcuni coltivatori optano per la semina dei semi di Dionaea Muscipula in acqua anziché nel substrato. Per questo metodo, immergete i semi in acqua distillata o demineralizzata per 24-48 ore per ammorbidirli e poi trasferiteli su un substrato leggero e ben drenato per la germinazione.

Scegliete il metodo di semina che meglio si adatta alle vostre preferenze e alle vostre condizioni di coltivazione e seguite attentamente le istruzioni specifiche per garantire una corretta germinazione e crescita delle vostre piante carnivore.

2. Trattamento dei Semi

Il trattamento dei semi della Dionaea Muscipula può aumentare significativamente le probabilità di successo nella germinazione e nella crescita delle piante. In questo secondo paragrafo, esploreremo i principali metodi di trattamento dei semi che possono essere utilizzati per migliorare la loro vitalità e la velocità di germinazione.

Ammollo dei Semi: Un metodo comune di trattamento dei semi è l'ammollo, che consiste nel mettere i semi in acqua per un periodo di tempo specifico. Questo aiuta ad ammorbidire la membrana esterna del seme, facilitando la fuoriuscita dell'embrione e accelerando il processo di germinazione. Per l'ammollo dei semi di Dionaea Muscipula, immergete i semi in acqua distillata o demineralizzata per 24-48 ore a temperatura ambiente.

Scarificazione dei Semi: Alcuni semi, compresi quelli della Dionaea Muscipula, hanno una membrana esterna dura che può impedire loro di germogliare facilmente. La scarificazione dei semi, che coinvolge la rimozione di questa membrana esterna, può migliorare la germinazione. Potete scarificare i semi di Dionaea Muscipula sfregandoli delicatamente con carta vetrata fine o immergendoli in acqua calda per alcuni minuti prima della semina.

Stratificazione dei Semi: La stratificazione è un altro metodo di trattamento dei semi che coinvolge l'esposizione dei semi a temperature fredde per un periodo di tempo specifico. Questo processo simula le condizioni di freddo invernale che alcune piante richiedono per germinare. Per stratificare i semi di Dionaea Muscipula, metteteli in un sacchetto di plastica con un substrato umido come vermiculite o torba di sfagno e posizionateli nel frigorifero per 4-6 settimane prima della semina.

Utilizzando uno o più di questi metodi di trattamento dei semi, potrete massimizzare le probabilità di successo nella germinazione e nella crescita delle vostre piante carnivore. Scegliete il metodo o la combinazione di metodi che meglio si adatta alle vostre preferenze e alle vostre condizioni di coltivazione per ottenere risultati ottimali.

3. Profondità di Semina

La profondità di semina è un aspetto cruciale da considerare quando si piantano i semi della Dionaea Muscipula. In questo terzo paragrafo, esploreremo la profondità ottimale per piantare i semi al fine di garantire una corretta germinazione e una crescita sana delle piante carnivore.

Superficie del Substrato: La Dionaea Muscipula è una pianta carnivora che richiede una semina superficiale. I semi di solito vengono piantati sulla superficie del substrato anziché essere interrati. Questo perché i semi hanno bisogno di luce per germinare correttamente. Posizionate i semi sulla superficie del substrato e premeteli delicatamente nel terreno con la punta di un dito o con la parte posteriore di un cucchiaio per garantire un buon contatto con il terreno senza interrarli completamente.

Leggero Ricoprimento di Substrato: Se desiderate fornire una leggera copertura ai semi senza interrarli completamente, potete spargere un sottile strato di substrato sopra i semi dopo averli piantati. Questo aiuterà a proteggere i semi dalla disidratazione eccessiva e dai disturbi durante la germinazione, ma assicuratevi che lo strato di substrato sia sottile abbastanza da consentire comunque la luce di raggiungere i semi.

Ammollo dei Semi senza Semina: In alternativa, potete anche mettere i semi in ammollo senza piantarli direttamente nel substrato. Dopo l'ammollo, trasferite i semi su un letto di substrato umido e premeteli delicatamente nel terreno con la punta di un dito. Questo metodo permette ai semi di rimanere vicino alla superficie del substrato senza essere interrati.

Assicuratevi di seguire attentamente le indicazioni specifiche per la profondità di semina fornite con i semi o con le istruzioni di coltivazione, poiché le esigenze possono variare leggermente a seconda del tipo di seme e del produttore. Una corretta profondità di semina è fondamentale per garantire una corretta germinazione e una crescita sana delle vostre piante carnivore.

4. Irrigazione Iniziale

Dopo aver seminato i semi della Dionaea Muscipula, è fondamentale fornire un'irrigazione iniziale adeguata per garantire che il substrato sia sufficientemente umido per la germinazione. In questo quarto paragrafo, esploreremo le migliori pratiche per l'irrigazione iniziale delle piante carnivore appena seminate.

Utilizzo di Acqua Distillata o Demineralizzata: Per l'irrigazione iniziale, utilizzate sempre acqua distillata o demineralizzata. Questo tipo di acqua è privo di sostanze chimiche e minerali che potrebbero danneggiare i semi o le giovani piante. Evitate assolutamente l'uso di acqua del rubinetto, che potrebbe contenere cloro o altri elementi nocivi.

Irrigazione Leggera e Uniforme: Dopo aver seminato i semi, innaffiate il substrato delicatamente utilizzando un nebulizzatore o un annaffiatoio con un beccuccio fine. Spruzzate acqua sull'intera superficie del substrato in modo uniforme senza creare pozzanghere d'acqua. Questo aiuterà a mantenere il substrato costantemente umido senza inondare i semi o disturbare la loro posizione.

Copertura con Pellicola Trasparente: Dopo l'irrigazione iniziale, coprite il vaso o il contenitore con una pellicola trasparente o un coperchio per creare un ambiente umido intorno ai semi. Questo aiuterà a trattenere l'umidità e a mantenere condizioni di germinazione ottimali. Assicuratevi che la pellicola o il coperchio sia trasparente in modo che la luce possa ancora raggiungere i semi.

Controllo dell'Umidità: Durante i primi giorni dopo la semina, controllate regolarmente l'umidità del substrato. Se notate che la superficie del terreno sta iniziando ad asciugarsi, spruzzate delicatamente un po' di acqua per mantenere il substrato costantemente umido. Evitate tuttavia di inumidire eccessivamente il terreno, poiché ciò potrebbe causare marciume radicale o altre problematiche.

Una corretta irrigazione iniziale è fondamentale per il successo della germinazione delle vostre piante carnivore appena seminate. Seguite attentamente queste linee guida per garantire che i semi abbiano le condizioni ottimali per germinare e crescere in modo sano.

5. Condizioni di Luce per la Germinazione

La luce è un fattore critico durante il processo di germinazione delle piante carnivore, inclusa la Dionaea Muscipula. In questo quinto paragrafo, esploreremo le condizioni di luce ottimali per favorire una germinazione sana e robusta dei semi di Dionaea Muscipula.

Luce Indiretta e Diffusa: Durante la fase di germinazione, è importante fornire luce indiretta e diffusa alle piante carnivore appena seminate. Evitate l'esposizione diretta alla luce solare intensa, che potrebbe surriscaldare il substrato e danneggiare i semi. Posizionate i vasi o i contenitori in un'area dove la luce solare filtra attraverso una finestra o sotto una lampada a luce fluorescente a una distanza sicura dalle piante.

Durata della Luce: Durante la fase di germinazione, le piante carnivore, compresa la Dionaea Muscipula, hanno bisogno di una durata di luce sufficiente per stimolare la crescita. Fornite circa 12-16 ore di luce al giorno per mantenere attivi i processi di fotosintesi e favorire una crescita vigorosa. Se necessario, utilizzate un timer per regolare la durata della luce in modo da mantenere costanti le condizioni di illuminazione.

Sorgenti di Luce Artificiale: Se la vostra zona non riceve abbastanza luce naturale, potete utilizzare sorgenti di luce artificiale per soddisfare le esigenze luminose delle piante carnivore durante la germinazione. Le lampade a LED o a fluorescenza sono ideali per questo scopo, poiché emettono una luce simile a quella solare e possono essere facilmente regolate in intensità e durata.

Monitoraggio delle Piante: Durante la fase di germinazione, monitorate attentamente le piante carnivore per assicurarvi che stiano ricevendo una quantità adeguata di luce. Osservate la crescita delle piante e regolate la posizione delle sorgenti luminose se notate segni di allungamento dei germogli o debolezza delle piante.

Assicuratevi di fornire alle vostre piante carnivore le condizioni di luce ottimali durante la fase di germinazione per garantire una crescita sana e robusta fin dall'inizio del loro ciclo di vita.

6. Temperature Ottimali

Le temperature durante la fase di germinazione e crescita delle piante carnivore, come la Dionaea Muscipula, giocano un ruolo fondamentale nel determinare il successo della coltivazione. In questo sesto paragrafo, esploreremo le temperature ottimali per favorire una germinazione vigorosa e una crescita sana delle vostre piante carnivore.

Temperatura di Germinazione: Durante la fase di germinazione, le temperature ottimali per la Dionaea Muscipula si aggirano generalmente tra i 20°C e i 30°C. Queste temperature favoriscono la rapida germinazione dei semi e lo sviluppo dei primi germogli. Evitate temperature eccessivamente basse, che rallenterebbero il processo di germinazione, o temperature eccessivamente alte, che potrebbero danneggiare i semi o causare lo sviluppo di muffe e funghi nocivi.

Temperatura di Crescita: Dopo la germinazione, le piante carnivore come la Dionaea Muscipula continuano a prosperare meglio in condizioni di temperatura moderata. Le temperature ottimali per la crescita della Dionaea Muscipula si situano tipicamente tra i 20°C e i 25°C durante il giorno e tra i 10°C e i 15°C durante la notte. Queste temperature simulate l'ambiente naturale delle paludi delle regioni subtropicali, dove la pianta è originaria, e favoriscono una crescita vigorosa e sana.

Controllo della Temperatura: È importante mantenere una temperatura costante e stabile intorno ai valori ottimali durante tutto il ciclo di crescita della Dionaea Muscipula. Utilizzate termometri o termoigrometri per monitorare costantemente le temperature all'interno dell'area di coltivazione e regolate, se necessario, utilizzando riscaldatori, condizionatori d'aria, ventilatori o altri dispositivi di controllo climatico.

Effetti delle Variazioni di Temperatura: Le variazioni estreme di temperatura possono influire negativamente sulla crescita e sulla salute della Dionaea Muscipula. Evitate sbalzi termici repentini o eccessivi che potrebbero stressare le piante e compromettere la loro salute. Assicuratevi che l'area di coltivazione sia ben isolata e protetta da fonti di calore e freddo estreme.

Fornire temperature ottimali costanti è essenziale per il successo della coltivazione della Dionaea Muscipula. Assicuratevi di monitorare attentamente le temperature e regolate l'ambiente di coltivazione di conseguenza per garantire una crescita sana e vigorosa delle vostre piante carnivore.

7. Tempi di Germinazione

I tempi di germinazione della Dionaea Muscipula possono variare a seconda di diversi fattori, tra cui le condizioni ambientali, la freschezza dei semi e il metodo di trattamento utilizzato. In questo settimo paragrafo, esploreremo i tempi tipici di germinazione e forniremo consigli su come monitorare e gestire questo importante processo.

Variazioni nei Tempi di Germinazione: È importante notare che i tempi di germinazione possono variare notevolmente da una pianta all'altra. Alcuni semi potrebbero germogliare in poche settimane, mentre altri potrebbero richiedere diversi mesi prima di mostrare segni di germinazione. Queste variazioni dipendono da una serie di fattori, comprese le condizioni di luce, temperatura e umidità.

Fattori che Influenzano la Germinazione: I tempi di germinazione della Dionaea Muscipula possono essere influenzati da vari fattori, come la freschezza dei semi, la temperatura ambientale e il trattamento dei semi. I semi freschi tendono ad avere una maggiore percentuale di successo nella germinazione rispetto a quelli vecchi. Inoltre, temperature costanti e ottimali, insieme a un'adeguata umidità del substrato, possono accelerare il processo di germinazione.

Monitoraggio della Germinazione: Durante il processo di germinazione, è importante monitorare attentamente i semi per osservare eventuali segni di germogliamento. Osservate regolarmente il substrato per individuare i primi germogli che emergono dalla superficie. Tenete presente che alcuni semi potrebbero richiedere più tempo per germogliare, quindi abbiate pazienza e continuate a monitorare attentamente.

Gestione dei Semi non Germinati: Se alcuni semi non germinano entro un periodo ragionevole di tempo, potrebbe essere necessario riesaminare le condizioni di coltivazione e i metodi di trattamento dei semi. È possibile tentare nuovamente il trattamento dei semi o esaminare e regolare le condizioni ambientali per migliorare le probabilità di successo della germinazione.

I tempi di germinazione della Dionaea Muscipula possono essere un processo affascinante da osservare, ma richiedono anche pazienza e attenzione per garantire il successo della coltivazione. Monitorate attentamente i vostri semi e adottate le misure necessarie per promuovere una germinazione sana e robusta delle vostre piante carnivore.

8. Problemi Comuni e Soluzioni

Anche seguendo attentamente tutte le indicazioni, è possibile che si verifichino alcuni problemi durante la coltivazione della Dionaea Muscipula. In questo ottavo paragrafo, esploreremo alcuni dei problemi più comuni che potreste incontrare e forniremo soluzioni pratiche per affrontarli efficacemente.

1. Marciume delle Radici: Il marciume delle radici può verificarsi se il substrato è eccessivamente bagnato o se le radici sono soggette a eccessiva umidità. Per prevenire questo problema, assicuratevi di utilizzare un substrato ben drenato e di non innaffiare eccessivamente le piante. Se il marciume delle radici è già presente, rimuovete delicatamente le radici danneggiate, lasciate asciugare il substrato e regolate l'irrigazione per evitare ulteriori danni.

2. Muffa del Substrato: La muffa può svilupparsi nel substrato se questo è costantemente umido e non è sufficientemente aerato. Per prevenire la muffa, assicuratevi di utilizzare un substrato ben drenato e di fornire una buona circolazione dell'aria intorno alle piante. Se la muffa è già presente, rimuovete il substrato contaminato, lasciate asciugare bene il vaso e sostituite il substrato con uno nuovo.

3. Deperimento delle Foglie: Il deperimento delle foglie può verificarsi a causa di eccessiva esposizione al sole, temperatura troppo alta o carenze nutritive. Assicuratevi di posizionare le piante in un'area con luce solare filtrata e di mantenere una temperatura moderata. Integrare occasionalmente con un fertilizzante specifico per piante carnivore può aiutare a prevenire carenze nutritive.

4. Insetti e Parassiti: Gli insetti e altri parassiti possono infestare le Dionaea Muscipula, specialmente se coltivate all'aperto. Controllate regolarmente le piante per individuare segni di infestazione e, se necessario, utilizzate metodi di controllo biologici o trattamenti specifici per eliminare gli insetti dannosi.

5. Deformità delle Trappole: Le trappole della Dionaea Muscipula possono deformarsi se vengono toccate ripetutamente o se le condizioni ambientali non sono ottimali. Evitate di toccare le trappole e assicuratevi che le piante ricevano sufficiente luce, umidità e nutrienti per garantire una crescita sana e normale delle trappole.

Affrontare prontamente e correttamente i problemi comuni che possono sorgere durante la coltivazione della Dionaea Muscipula è essenziale per mantenere la salute e la vitalità delle vostre piante carnivore.

9. Controllo delle Malattie Durante la Germinazione

Durante la fase di germinazione, le giovani piante carnivore, come la Dionaea Muscipula, sono particolarmente vulnerabili alle malattie fungine e batteriche. In questo nono paragrafo, esploreremo alcune delle malattie più comuni che possono colpire durante la germinazione e forniremo strategie pratiche per prevenirle e gestirle efficacemente.

Muffa del Substrato: La muffa del substrato è una delle malattie più comuni che possono colpire durante la germinazione delle piante carnivore. Si verifica quando il substrato rimane eccessivamente umido per un periodo prolungato, creando un ambiente favorevole alla crescita dei funghi. Per prevenire la muffa, assicuratevi di utilizzare un substrato ben drenato e di non innaffiare eccessivamente le piante. Inoltre, evitate l'accumulo di acqua stagnante nel sottovaso e fornite una buona circolazione dell'aria intorno alle piante.

Marciume dei Semi: Il marciume dei semi può verificarsi se i semi vengono infettati da funghi o batteri patogeni presenti nel substrato. Per prevenire questa malattia, è importante utilizzare semi di alta qualità provenienti da fonti affidabili e trattare i semi con una soluzione disinfettante prima della semina. Assicuratevi inoltre di utilizzare un substrato sterile e di mantenere puliti gli attrezzi e i contenitori utilizzati durante il processo di semina.

Mancanza di Aria: La mancanza di aria intorno ai semi può favorire la crescita di patogeni e contribuire allo sviluppo di malattie durante la germinazione. Assicuratevi di utilizzare contenitori o vasi con fori di drenaggio adeguati per favorire la circolazione dell'aria intorno ai semi. Evitate di sovraccaricare il substrato e di compattarlo eccessivamente, in modo da garantire una buona aerazione radicale.

Monitoraggio Costante: Durante la fase di germinazione, monitorate attentamente le piante per individuare tempestivamente eventuali segni di malattie o problemi. Ispezionate regolarmente i semi e il substrato per individuare segni di muffa, marciume o altre anomalie. In caso di sospetto di malattia, isolare immediatamente le piante infette e adottare misure preventive per evitare la diffusione della malattia.

Il controllo delle malattie durante la germinazione è fondamentale per garantire una crescita sana e robusta delle piante carnivore. Seguendo le pratiche di prevenzione e monitoraggio consigliate, potrete ridurre al minimo il rischio di malattie e massimizzare il successo della germinazione delle vostre piante.

10. Cura delle Piantine Neonate

Le piantine neonate di Dionaea Muscipula richiedono cure particolari per garantire una crescita sana e robusta durante le prime fasi di sviluppo. In questo decimo paragrafo, esploreremo le pratiche di cura essenziali da seguire per le piantine appena germinate.

1. Umidità Adeguata: Le piantine neonate necessitano di un'umidità costante per favorire una crescita sana delle radici e dei tessuti vegetali. Mantenete il substrato leggermente umido, evitando però l'eccesso di acqua stagnante che potrebbe causare marciume radicale. Utilizzate un vaporizzatore o un piccolo contenitore d'acqua vicino alle piante per mantenere un livello di umidità ottimale.

2. Luce Indiretta: Esponete le piantine neonate a luce solare filtrata o a illuminazione artificiale a intensità moderata. Evitate l'esposizione diretta al sole, che potrebbe causare danni alle tenere foglie delle piantine. Un'illuminazione di circa 12-14 ore al giorno è sufficiente per favorire una crescita vigorosa.

3. Temperatura Moderata: Mantenete una temperatura costante intorno ai 20-25°C durante il giorno e intorno ai 15-20°C durante la notte. Evitate sbalzi termici repentini che potrebbero stressare le piantine neonate. Utilizzate riscaldatori o ventilatori per regolare la temperatura dell'ambiente di coltivazione, se necessario.

4. Trattamento dei Nutrienti: Le piantine neonate possono beneficiare di un trattamento leggero con un fertilizzante specifico per piante carnivore diluito a una concentrazione molto bassa. Applicate il fertilizzante una volta al mese durante la fase di crescita attiva, facendo attenzione a non eccedere con le dosi per evitare bruciature delle radici.

5. Monitoraggio Costante: Ispezionate regolarmente le piantine per individuare eventuali segni di stress, malattie o carenze nutritive. Osservate attentamente le foglie e le trappole per garantire che siano sani e privi di danni. Intervenite prontamente in caso di problemi, regolando le condizioni ambientali o fornendo trattamenti specifici secondo necessità.

Seguendo attentamente queste pratiche di cura, potrete favorire una crescita vigorosa e sana delle piantine neonate di Dionaea Muscipula, preparandole per una crescita robusta e prospera in futuro.

IV. Trapianto e Crescita Iniziale

1. Quando Trapiantare

Il trapianto della Dionaea Muscipula è un passaggio cruciale per garantire la salute e la vitalità a lungo termine della pianta. È importante sapere quando è il momento giusto per effettuare questa operazione per evitare di stressare eccessivamente la pianta. In questo paragrafo, esploreremo i momenti ideali per trapiantare la Dionaea Muscipula e come riconoscere i segnali che indicano la necessità di un trapianto.

1. Fine dell'Inverno - Inizio della Primavera: Il periodo migliore per trapiantare la Dionaea Muscipula è alla fine dell'inverno o all'inizio della primavera. Durante questo periodo, la pianta è ancora in dormienza o appena uscendo da essa, il che significa che lo stress causato dal trapianto sarà ridotto. Trapiantare in questo momento permette alla pianta di stabilizzarsi e crescere vigorosamente durante la stagione di crescita attiva.

2. Segnali di Sovraffollamento: Un chiaro segnale che la Dionaea Muscipula necessita di un trapianto è l'affollamento nel contenitore. Se le radici iniziano a spuntare dai fori di drenaggio o la pianta sembra troppo compressa nel vaso, è il momento di trapiantare in un contenitore più grande. Questo permette alle radici di espandersi e alla pianta di svilupparsi correttamente.

3. Deperimento del Substrato: Col tempo, il substrato può deteriorarsi, perdendo la sua capacità di drenaggio e diventando compatto. Se notate che il substrato è diventato eccessivamente compatto o non drena più adeguatamente, è il momento di trapiantare la pianta. Un substrato fresco e ben aerato è essenziale per la salute della Dionaea Muscipula.

4. Problemi di Salute: Se la pianta mostra segni di stress, come foglie ingiallite, crescita rallentata o marciume radicale, potrebbe essere necessario un trapianto. Il trapianto in un nuovo substrato sterile e un contenitore pulito può aiutare a risolvere questi problemi e dare alla pianta un nuovo inizio.

5. Cadenza Regolare: Anche in assenza di problemi evidenti, è consigliabile trapiantare la Dionaea Muscipula ogni uno o due anni. Questo assicura che il substrato rimanga fresco e nutriente, prevenendo problemi legati alla compattazione del terreno e all'accumulo di sali minerali.

Sapere quando trapiantare la Dionaea Muscipula è fondamentale per mantenere la pianta sana e vigorosa. Riconoscere i segnali che indicano la necessità di un trapianto e scegliere il momento giusto per farlo aiuta a minimizzare lo stress per la pianta e garantisce una crescita ottimale.

2. Preparazione del Nuovo Vaso

Preparare correttamente il nuovo vaso per la vostra Dionaea Muscipula è un passaggio fondamentale per garantire che la pianta si ambienti bene e cresca vigorosamente. In questo paragrafo, forniremo una guida dettagliata su come selezionare e preparare il vaso ideale per il trapianto.

1. Scelta del Vaso: La scelta del vaso è essenziale per il benessere della Dionaea Muscipula. Il vaso deve essere sufficientemente grande per permettere alle radici di espandersi, ma non eccessivamente grande da trattenere troppa umidità. Un diametro di circa 10-15 cm è ideale per una pianta adulta. Il vaso deve avere fori di drenaggio sul fondo per prevenire il ristagno d'acqua, che può causare marciume radicale.

2. Materiale del Vaso: Il materiale del vaso può influenzare la salute della pianta. I vasi di plastica sono leggeri, economici e trattengono bene l'umidità, ma possono riscaldarsi troppo se esposti alla luce solare diretta. I vasi di terracotta sono porosi e favoriscono una migliore aerazione del substrato, ma tendono a seccare più rapidamente. Scegliete il materiale del vaso in base alle condizioni ambientali del vostro appartamento.

3. Pulizia del Vaso: Prima di utilizzare un vaso nuovo o riutilizzare un vecchio vaso, assicuratevi che sia pulito e privo di residui. Lavate il vaso con acqua calda e sapone, risciacquandolo accuratamente per rimuovere eventuali residui chimici. Per una pulizia più profonda, potete immergere il vaso in una soluzione di acqua e aceto per eliminare eventuali tracce di calcare e disinfettarlo.

4. Drenaggio Adeguato: Per migliorare il drenaggio, potete aggiungere uno strato di materiale drenante sul fondo del vaso, come ghiaia, ciottoli o pezzi di argilla espansa. Questo strato aiuterà a prevenire il ristagno d'acqua, assicurando che il substrato rimanga ben aerato.

5. Preparazione del Substrato: Preparate un substrato adeguato per la Dionaea Muscipula. Una miscela comune è composta da torba non fertilizzata e perlite in parti uguali. Questa combinazione assicura un buon drenaggio e un ambiente acido, ideale per le piante carnivore. Evitate l'uso di terriccio comune o substrati contenenti fertilizzanti, che possono danneggiare la pianta.

6. Inumidire il Substrato: Prima di riempire il vaso con il substrato, inumiditelo leggermente con acqua distillata o piovana. L'umidità aiuta il substrato a compattarsi meglio attorno alle radici, riducendo lo stress da trapianto.

7. Riempimento del Vaso: Riempite il vaso con il substrato preparato, lasciando circa 2-3 cm di spazio dal bordo superiore. Questo spazio permette di aggiungere acqua senza che fuoriesca. Compattate leggermente il substrato per eliminare eventuali sacche d'aria, ma senza pressare troppo per non ostacolare il drenaggio.

8. Creazione di un Foro per la Pianta: Usate le dita o un piccolo strumento per creare un foro al centro del vaso. Il foro deve essere sufficientemente grande da accogliere le radici della pianta senza piegarle. Assicuratevi che la profondità del foro permetta alla base della pianta di rimanere leggermente al di sopra del livello del substrato.

9. Posizionamento della Pianta: Con delicatezza, posizionate la pianta nel foro preparato, assicurandovi che le radici siano ben distribuite e non compresse. Riempite delicatamente il foro con altro substrato, premendo leggermente attorno alla base della pianta per stabilizzarla.

10. Irrigazione Iniziale: Dopo il trapianto, innaffiate la pianta con acqua distillata o piovana, inumidendo uniformemente il substrato. Evitate di bagnare eccessivamente la base della pianta per prevenire marciume. Mantenete il substrato umido ma non inzuppato nei giorni successivi al trapianto.

Preparare correttamente il nuovo vaso per la vostra Dionaea Muscipula è essenziale per garantirle un ambiente di crescita ottimale. Seguendo attentamente questi passaggi, potete assicurare che la vostra pianta si stabilisca rapidamente e continui a crescere sana e vigorosa.

3. Tecniche di Trapianto

Trapiantare correttamente una Dionaea Muscipula richiede attenzione e precisione per minimizzare lo stress della pianta e garantire una crescita sana. Questo paragrafo offre una guida passo-passo per eseguire il trapianto con successo, includendo tecniche pratiche e consigli utili.

1. Preparazione della Pianta: Prima di iniziare il trapianto, innaffiate la pianta circa un'ora prima di rimuoverla dal vecchio vaso. Questo aiuta a rendere il substrato più compatto e le radici più flessibili, riducendo il rischio di danni. Se possibile, scegliete una giornata nuvolosa o trapiantate nel tardo pomeriggio per ridurre lo stress della pianta causato dalla luce solare diretta.

2. Rimozione della Pianta dal Vecchio Vaso: Con molta delicatezza, inclinate il vaso e toccate leggermente i lati per allentare il substrato. Usate una spatola di plastica o un bastoncino per aiutare a staccare la pianta dal bordo del vaso se necessario. Afferrate la pianta alla base, vicino al substrato, e tirate delicatamente per estrarla. Evitate di tirare le foglie o i gambi, poiché sono fragili e possono facilmente danneggiarsi.

3. Pulizia delle Radici: Una volta estratta la pianta, scuotete delicatamente il substrato dalle radici. Se il substrato è molto compatto, potete sciacquare le radici con acqua distillata o piovana per rimuovere i residui. Questo passaggio è cruciale per ispezionare le radici e rimuovere eventuali parti danneggiate o marce con delle forbici sterilizzate.

4. Posizionamento nel Nuovo Vaso: Come descritto nel paragrafo precedente, create un foro adeguato nel nuovo substrato per accogliere le radici della pianta. Posizionate la pianta nel foro, assicurandovi che le radici siano ben distribuite e che la base della pianta rimanga leggermente sopra il livello del substrato. Riempite il foro con il substrato, compattandolo leggermente attorno alla base della pianta per stabilizzarla.

5. Irrigazione Post-Trapianto: Dopo aver posizionato la pianta nel nuovo vaso, innaffiatela con cura usando acqua distillata o piovana. L'irrigazione iniziale aiuta a compattare il substrato attorno alle radici e a ridurre eventuali sacche d'aria. Assicuratevi che il substrato sia uniformemente umido, ma non eccessivamente bagnato.

6. Monitoraggio e Cura Post-Trapianto: Dopo il trapianto, monitorate attentamente la pianta per le prime settimane. Mantenete il substrato costantemente umido e posizionate la pianta in un'area con luce indiretta. Evitate esposizioni a sbalzi di temperatura o correnti d'aria, che possono stressare ulteriormente la pianta.

7. Gestione dello Stress da Trapianto: È normale che la Dionaea Muscipula mostri segni di stress dopo il trapianto, come foglie appassite o crescita rallentata. Continuate a fornire le cure adeguate e mantenete un ambiente stabile. In alcuni casi, potete coprire la pianta con una busta di plastica trasparente per mantenere l'umidità elevata, riducendo lo stress.

8. Nutrizione e Fertilizzazione: Evitate di fertilizzare la Dionaea Muscipula subito dopo il trapianto. Le piante carnivore generalmente non necessitano di fertilizzanti e possono essere danneggiate da un eccesso di nutrienti. Concentratevi piuttosto sul mantenimento di un substrato acido e ben drenato.

9. Prevenzione delle Malattie: Il trapianto è un momento critico in cui la pianta è più suscettibile alle malattie. Assicuratevi che gli strumenti utilizzati siano sterilizzati e che il substrato sia privo di patogeni. Controllate regolarmente la pianta per segni di marciume o infezioni e intervenite prontamente se necessario.

10. Ripresa della Crescita: Con il tempo e le cure adeguate, la Dionaea Muscipula inizierà a riprendersi dal trapianto e a riprendere la sua crescita normale. Continuate a fornire le condizioni ottimali di luce, temperatura e umidità per supportare la pianta durante questa fase critica.

Trapiantare correttamente la Dionaea Muscipula richiede pazienza e attenzione ai dettagli. Seguendo queste tecniche pratiche, potrete garantire che la vostra pianta si stabilisca bene nel nuovo vaso e continui a crescere sana e forte.

4. Irrigazione Dopo il Trapianto

L'irrigazione dopo il trapianto è un aspetto cruciale per garantire che la Dionaea Muscipula si adatti bene al nuovo substrato e continui a crescere sana. L'acqua è fondamentale per reidratare la pianta e aiutare le radici a stabilirsi nel nuovo ambiente. Ecco una guida dettagliata per l'irrigazione post-trapianto.

1. Acqua Distillata o Piovana: La Dionaea Muscipula è molto sensibile ai sali e ai minerali presenti nell'acqua del rubinetto. Utilizzate esclusivamente acqua distillata o piovana per l'irrigazione. Questo tipo di acqua evita l'accumulo di sostanze nocive nel substrato che possono danneggiare le radici della pianta.

2. Prima Irrigazione: Subito dopo il trapianto, innaffiate la pianta abbondantemente. Questa irrigazione iniziale è essenziale per compattare il substrato attorno alle radici e per eliminare eventuali sacche d'aria. Assicuratevi che l'acqua scorra attraverso il substrato e dreni bene dal fondo del vaso.

3. Tecnica del Sottovaso: Un metodo efficace per mantenere il substrato umido è l'utilizzo di un sottovaso. Riempite il sottovaso con acqua distillata o piovana e posizionate il vaso sopra di esso. La pianta assorbirà l'acqua dal fondo attraverso i fori di drenaggio, garantendo un'umidità costante senza rischiare il ristagno d'acqua intorno alle radici.

4. Frequenza dell'Irrigazione: Dopo il trapianto, monitorate attentamente l'umidità del substrato. Nei primi giorni, potrebbe essere necessario innaffiare più frequentemente fino a quando la pianta non si sarà stabilizzata. In generale, mantenete il substrato umido ma non fradicio. Un eccesso d'acqua può causare marciume radicale, mentre una carenza può disidratare la pianta.

5. Evitare il Ristagno: Assicuratevi che il vaso abbia buoni fori di drenaggio e che l'acqua in eccesso possa defluire liberamente. Un ristagno d'acqua nel substrato può portare rapidamente a problemi di marciume radicale, che è spesso letale per la Dionaea Muscipula. Se il sottovaso contiene acqua, svuotatelo dopo circa 30 minuti dall'irrigazione per evitare che la pianta rimanga immersa nell'acqua.

6. Controllo dell'Umidità: Oltre all'irrigazione, l'umidità ambientale è un fattore importante. Dopo il trapianto, cercate di mantenere un livello di umidità elevato attorno alla pianta. Potete utilizzare un umidificatore o coprire temporaneamente la pianta con una busta di plastica trasparente per creare un microclima umido. Fate attenzione a non lasciare la copertura per troppo tempo, per evitare muffe.

7. Segnali di Stress Idrico: Monitorate la pianta per segni di stress idrico, come foglie appassite o trappole che non si chiudono correttamente. Questi segnali indicano che la pianta potrebbe non ricevere la giusta quantità d'acqua. Regolate l'irrigazione di conseguenza, aumentando o diminuendo la quantità di acqua in base alle necessità della pianta.

8. Utilizzo di Contenitori Trasparenti: Per monitorare meglio l'umidità del substrato, potete utilizzare contenitori trasparenti. Questo vi permetterà di vedere il livello di umidità all'interno del vaso e di regolare l'irrigazione di conseguenza. I contenitori trasparenti sono particolarmente utili per i coltivatori principianti.

9. Temperature e Irrigazione: La temperatura ambientale influisce direttamente sulla velocità di evaporazione dell'acqua. In ambienti più caldi, potrebbe essere necessario innaffiare più frequentemente. In ambienti più freschi, riducete la frequenza dell'irrigazione per evitare il ristagno.

10. Adattamento Progressivo: Man mano che la pianta si adatta al nuovo vaso, potrete ridurre la frequenza dell'irrigazione. Una volta stabilizzata, la Dionaea Muscipula dovrebbe essere innaffiata secondo il suo normale ciclo di crescita, mantenendo sempre il substrato umido ma mai fradicio.

Un'irrigazione corretta e costante dopo il trapianto è fondamentale per la salute a lungo termine della Dionaea Muscipula. Seguendo queste linee guida, potrete garantire che la vostra pianta si adatti bene al nuovo ambiente e continui a prosperare.

5. Adattamento delle Piantine

L'adattamento delle piantine di Dionaea Muscipula dopo il trapianto è un processo delicato che richiede attenzione e cura. Per garantire che le piantine si adattino correttamente al nuovo ambiente, è importante seguire alcune tecniche e pratiche specifiche.

1. Monitoraggio Costante: Dopo il trapianto, osservate attentamente le piantine per i primi segni di adattamento o stress. Le foglie dovrebbero mantenere un colore verde vivo e le trappole dovrebbero rimanere reattive. Se notate foglie ingiallite o appassite, potrebbe essere necessario regolare l'irrigazione o la luce.

2. Gradualità dell'Esposizione alla Luce: Le piantine trapiantate potrebbero essere sensibili alla luce intensa. Per evitare lo shock da luce, aumentate gradualmente l'esposizione alla luce solare. Iniziate posizionando le piantine in un'area con luce indiretta e incrementate l'esposizione alla luce diretta nel corso di una settimana.

3. Microclima Controllato: Creare un ambiente umido e stabile aiuta le piantine a adattarsi. Potete utilizzare una mini serra o coprire temporaneamente le piantine con una campana di plastica trasparente per mantenere un microclima umido. Ricordate di ventilare regolarmente per prevenire la formazione di muffe.

4. Riduzione dello Stress: Minimizzate i fattori di stress esterni come correnti d'aria fredde o cambiamenti improvvisi di temperatura. Mantenete le piantine in un luogo con temperatura costante e protezione dalle correnti d'aria per almeno una settimana dopo il trapianto.

5. Fertilizzazione Leggera: Se utilizzate fertilizzanti, optate per una soluzione molto diluita e solo dopo che le piantine hanno mostrato segni di adattamento. La Dionaea Muscipula è sensibile ai fertilizzanti, quindi è meglio utilizzare un approccio cauto per evitare di bruciare le radici delicate.

6. Irrigazione Attenta: Continuate a monitorare l'umidità del substrato. Le piantine trapiantate possono avere esigenze idriche diverse rispetto alle piante adulte. Mantenete il substrato umido ma ben drenato, evitando sia l'essiccazione sia il ristagno d'acqua.

7. Ispezione delle Radici: Dopo circa una settimana dal trapianto, controllate delicatamente le radici delle piantine. Le radici sane dovrebbero apparire bianche e robuste. Se notate segni di marciume, come radici scure o mollicce, rimuovetele con cura e trattate la pianta con un fungicida appropriato.

8. Interazione Minimale: Evitate di manipolare eccessivamente le piantine durante il periodo di adattamento. Ogni intervento può causare stress ulteriore. Limitatevi a operazioni necessarie come l'irrigazione e il controllo visivo dello stato di salute delle piante.

9. Osservazione del Crescita Nuova: La comparsa di nuove foglie e trappole è un segno positivo che le piantine si stanno adattando bene. Le nuove crescite dovrebbero essere vigorose e di colore verde chiaro. La formazione di nuove trappole indica che la pianta sta recuperando e si sta stabilizzando.

10. Pazienza e Attenzione: Il processo di adattamento richiede tempo e pazienza. Ogni piantina può reagire in modo diverso al trapianto, quindi è importante essere attenti e pronti a intervenire se necessario. Con cura e attenzione, le piantine si stabiliranno e inizieranno a crescere vigorosamente nel loro nuovo ambiente.

Assicurarsi che le piantine di Dionaea Muscipula si adattino correttamente dopo il trapianto è fondamentale per il loro sviluppo a lungo termine. Seguendo queste pratiche e tecniche, potete aiutare le vostre piantine a prosperare e a crescere forti e sane.

6. Controllo della Crescita

Il controllo della crescita della Dionaea Muscipula è essenziale per mantenere la pianta sana e vigorosa. La crescita della pianta può essere influenzata da vari fattori, tra cui la luce, l'irrigazione, il substrato e la temperatura. Ecco alcuni suggerimenti pratici per monitorare e controllare efficacemente la crescita della vostra Dionaea Muscipula.

1. Monitoraggio delle Trappole: Uno degli indicatori più evidenti dello stato di salute della Dionaea Muscipula è la crescita delle trappole. Trappole ben sviluppate e reattive indicano una pianta sana. Le trappole dovrebbero aprirsi e chiudersi normalmente, catturando insetti con facilità. Se le trappole non si chiudono correttamente o appaiono deformate, potrebbe essere necessario rivedere le condizioni di coltivazione.

2. Regolazione della Luce: La Dionaea Muscipula richiede molta luce solare diretta per crescere al meglio. Se notate che la pianta cresce in modo stentato o le foglie diventano pallide, potrebbe essere un segnale di carenza di luce. Posizionate la pianta in un luogo dove riceve almeno 4-6 ore di luce solare diretta al giorno. In inverno, o in ambienti poco luminosi, potete utilizzare luci artificiali a spettro completo per integrare la luce naturale.

3. Controllo dell'Irrigazione: L'acqua è fondamentale per la crescita della Dionaea Muscipula, ma è importante evitare sia l'eccessiva irrigazione sia la siccità. Utilizzate acqua distillata o piovana per evitare l'accumulo di minerali nel substrato. Il substrato dovrebbe essere mantenuto costantemente umido, ma non inzuppato. Un sottovaso può essere utile per mantenere un livello d'umidità costante, ma assicuratevi di svuotarlo regolarmente per evitare il ristagno.

4. Verifica del Substrato: La scelta del substrato giusto è cruciale per la crescita della Dionaea Muscipula. Un mix di torba e perlite, senza fertilizzanti, è l'ideale. Controllate regolarmente il substrato per assicurarsi che non si compatti troppo, riducendo l'aerazione delle radici. Se il substrato appare deteriorato o compattato, potrebbe essere necessario rinvasare la pianta in un nuovo substrato fresco.

5. Regolazione della Temperatura: La temperatura ideale per la crescita della Dionaea Muscipula varia tra i 20 e i 30 gradi Celsius durante il giorno, e può scendere fino a 5-10 gradi Celsius durante la notte. Evitate sbalzi termici improvvisi, che possono stressare la pianta. Durante l'inverno, la pianta entra in dormienza e richiede temperature più basse e meno luce.

6. Concimazione: In natura, la Dionaea Muscipula ottiene i nutrienti necessari catturando insetti. In coltivazione domestica, potete integrare occasionalmente con piccoli insetti vivi. Evitate di usare fertilizzanti chimici nel substrato, poiché possono danneggiare le radici sensibili della pianta. Se necessario, potete spruzzare una soluzione molto diluita di fertilizzante fogliare durante la stagione di crescita.

7. Potatura delle Foglie Morte: Rimuovere regolarmente le foglie e le trappole morte aiuta a mantenere la pianta sana e previene la formazione di muffe. Utilizzate forbici sterili per tagliare le foglie alla base, evitando di danneggiare le parti vive della pianta.

8. Prevenzione delle Malattie: La Dionaea Muscipula è suscettibile a malattie fungine e marciume radicale. Controllate regolarmente la base delle foglie e le radici per segni di marciume o funghi. Se notate problemi, trattate immediatamente con un fungicida appropriato e migliorate la ventilazione intorno alla pianta.

9. Supporto della Dormienza: La dormienza invernale è una fase naturale per la Dionaea Muscipula. Riducete l'irrigazione e la luce durante questo periodo, e mantenete la pianta in un luogo fresco. Questa fase è cruciale per la salute a lungo termine della pianta.

10. Adattamento alle Condizioni Ambientali: Ogni ambiente domestico è unico, quindi è importante adattare le cure della vostra Dionaea Muscipula in base alle condizioni specifiche della vostra casa. Tenete un diario di coltivazione per monitorare le condizioni ambientali e le risposte della pianta, regolando le cure di conseguenza.

Seguendo questi suggerimenti, potrete controllare efficacemente la crescita della vostra Dionaea Muscipula, garantendo una pianta sana e vigorosa nel vostro appartamento.

7. Nutrizione delle Piantine

La nutrizione delle piantine di Dionaea Muscipula è un aspetto fondamentale per garantire una crescita sana e vigorosa. A differenza delle piante tradizionali, la Dionaea Muscipula, essendo una pianta carnivora, ottiene la maggior parte dei suoi nutrienti dagli insetti che cattura piuttosto che dal substrato. Tuttavia, è importante fornire le condizioni giuste affinché la pianta possa prosperare.

1. Fonte di Nutrienti: Le piantine di Dionaea Muscipula, nei primi mesi di vita, traggono i loro nutrienti principalmente dalle riserve presenti nei loro semi. Una volta sviluppate le prime trappole, iniziano a catturare piccoli insetti, che diventano la loro principale fonte di nutrienti. È importante non nutrire le piantine con insetti finché le trappole non sono completamente sviluppate.

2. Tipi di Insetti: Per nutrire le piantine di Dionaea Muscipula, scegliete insetti piccoli, come moscerini della frutta o zanzare. Evitate insetti troppo grandi che potrebbero danneggiare le trappole. Potete anche utilizzare insetti acquistati nei negozi specializzati, come i vermi della farina, tagliati in piccoli pezzi.

3. Frequenza di Nutrizione: Non è necessario nutrire le piantine troppo spesso. In natura, le Dionaea Muscipula catturano occasionalmente gli insetti. Una o due prede al mese sono sufficienti per una piantina in buona salute. Sovralimentare la pianta può portare a stress e danneggiamento delle trappole.

4. Nutrizione Fogliare: Oltre alla cattura di insetti, potete utilizzare una soluzione molto diluita di fertilizzante fogliare specifico per piante carnivore. Spruzzate la soluzione sulle foglie una volta al mese durante la stagione di crescita. Assicuratevi che il fertilizzante non contenga urea, che è dannosa per le Dionaea Muscipula.

5. Evitare i Fertilizzanti nel Substrato: Non utilizzate fertilizzanti nel substrato. Le Dionaea Muscipula sono estremamente sensibili ai nutrienti nel terreno, che possono causare bruciature alle radici e morte della pianta. Il substrato ideale dovrebbe essere povero di nutrienti e ben drenato, composto da una miscela di torba e perlite.

6. Irrigazione Appropriata: L'acqua utilizzata per l'irrigazione deve essere priva di minerali. Utilizzate acqua distillata o piovana per evitare l'accumulo di sali nel substrato. Mantenete il substrato umido, ma non inzuppato, per creare un ambiente ideale per l'assorbimento dei nutrienti dalle prede.

7. Monitoraggio delle Trappole: Osservate attentamente le trappole dopo ogni pasto. Se una trappola rimane chiusa per troppo tempo o non si riapre correttamente, potrebbe indicare un problema. Rimuovete delicatamente gli insetti non digeriti per evitare marciumi o infezioni fungine.

8. Adattamento alla Luce: Assicuratevi che le piantine ricevano abbastanza luce solare o artificiale. La fotosintesi è essenziale per la produzione di energia e per supportare il processo di digestione degli insetti. Posizionate le piantine in un luogo dove ricevono almeno 4-6 ore di luce diretta al giorno.

9. Condizioni Ambientali: Mantenete una temperatura costante tra 20 e 30 gradi Celsius e un'umidità relativa tra il 50% e l'80%. Le piantine prosperano in un ambiente caldo e umido, simile al loro habitat naturale. Utilizzate un umidificatore se necessario per mantenere l'umidità ideale.

10. Cure Post-Digestione: Dopo che una trappola ha completato la digestione di un insetto, rimuovete eventuali resti visibili. Ciò previene la crescita di muffe e funghi che possono danneggiare la pianta. Pulite delicatamente la trappola con un cotton fioc inumidito, se necessario.

Fornendo la giusta nutrizione e seguendo queste tecniche pratiche, le vostre piantine di Dionaea Muscipula cresceranno forti e sane, pronte a catturare insetti e prosperare nel loro ambiente domestico.

8. Monitoraggio della Salute

Il monitoraggio della salute della Dionaea Muscipula è un processo continuo e fondamentale per garantire che la pianta cresca forte e prosperi nel suo ambiente domestico. Ecco alcuni suggerimenti dettagliati e tecniche pratiche per mantenere la vostra pianta in condizioni ottimali.

1. Ispezione Visiva Regolare: Controllate la pianta settimanalmente per segni di stress, malattie o infestazioni. Guardate attentamente le foglie, le trappole e le radici per eventuali cambiamenti di colore, macchie o deformazioni. Un'osservazione regolare permette di intervenire tempestivamente in caso di problemi.

2. Segni di Nutrizione Adeguata: Le trappole devono essere di un verde vivo con bordi rossi quando esposte a una luce adeguata. Un colore pallido o giallastro potrebbe indicare una carenza di luce o di nutrienti. Assicuratevi che la pianta catturi regolarmente insetti per soddisfare le sue esigenze nutrizionali.

3. Controllo delle Trappole: Le trappole che si chiudono e riaprono lentamente possono indicare un problema. Se una trappola rimane chiusa per più di una settimana senza segni di digestione, potrebbe essere danneggiata o la pianta potrebbe essere sotto stress. In questo caso, riducete la quantità di cibo somministrato e assicuratevi che le condizioni ambientali siano ottimali.

4. Condizioni del Substrato: Il substrato deve essere sempre umido ma non inzuppato. Controllate regolarmente l'umidità del substrato infilando un dito a circa 2-3 cm di profondità. Se risulta secco, aumentate la frequenza delle irrigazioni. Ricordate di utilizzare solo acqua distillata o piovana.

5. Monitoraggio delle Radici: Ogni sei mesi, estraete delicatamente la pianta dal vaso per controllare lo stato delle radici. Le radici sane sono bianche o marrone chiaro e senza segni di marciume. Le radici nere o mollicce indicano un eccesso di acqua e possono necessitare di un intervento immediato come la riduzione dell'irrigazione e il miglioramento del drenaggio del vaso.

6. Prevenzione delle Malattie: Le Dionaea Muscipula possono essere soggette a muffe e funghi, specialmente in ambienti umidi. Utilizzate un fungicida specifico per piante carnivore se notate la comparsa di muffe bianche o macchie marroni sulle foglie. Rimuovete le parti infette per prevenire la diffusione della malattia.

7. Controllo degli Insetti: Sebbene la pianta catturi gli insetti per nutrirsi, è importante evitare infestazioni da parassiti come afidi e acari. Se notate piccoli insetti sulle foglie o sulle trappole, utilizzate un insetticida naturale, come l'olio di neem, applicato con un vaporizzatore.

8. Osservazione delle Nuove Crescite: Le nuove trappole devono crescere rapidamente e in modo sano. Se notate che le nuove foglie sono piccole, deformi o non si sviluppano completamente, potrebbe esserci un problema di nutrizione o luce. Assicuratevi che la pianta riceva almeno 4-6 ore di luce solare diretta al giorno o luce artificiale adeguata.

9. Monitoraggio della Crescita Stagionale: Le Dionaea Muscipula hanno un periodo di dormienza invernale. Durante questo periodo, la pianta rallenta la crescita e può perdere alcune foglie. Riducete l'irrigazione e mantenete la pianta in un luogo fresco. Quando la pianta esce dalla dormienza in primavera, riprendete gradualmente le normali pratiche di cura.

10. Registro di Crescita: Tenete un diario di coltivazione dove annotare i cambiamenti, le cure somministrate e le osservazioni sulla salute della pianta. Questo vi aiuterà a identificare i problemi ricorrenti e ad adattare le vostre tecniche di coltivazione nel tempo.

Seguendo queste linee guida, potrete assicurare una crescita sana e vigorosa della vostra Dionaea Muscipula, godendo di una pianta carnivora in piena salute.

9. Identificazione dei Problemi di Crescita

La capacità di identificare tempestivamente i problemi di crescita della Dionaea Muscipula è essenziale per mantenere la pianta in salute. Questo paragrafo vi guiderà attraverso alcune delle problematiche più comuni che possono affliggere la vostra pianta e vi fornirà tecniche pratiche per risolverle.

1. Ingiallimento delle Foglie: Le foglie che diventano gialle sono un chiaro segno di stress. Questo può essere causato da un'eccessiva o insufficiente esposizione alla luce solare, uso di acqua non distillata, o carenze nutrizionali. Assicuratevi che la pianta riceva luce solare diretta per almeno 4-6 ore al giorno e irrigate solo con acqua distillata o piovana.

2. Crescita Stentata: Se notate che la pianta cresce lentamente o produce foglie più piccole del normale, potrebbe essere un sintomo di un substrato inadeguato o di carenza di nutrienti. Verificate la composizione del substrato, che dovrebbe essere costituito da torba di sfagno e perlite in un rapporto 1:1, e considerate di trapiantare la pianta in un substrato fresco.

3. Marciume delle Radici: Questo problema è spesso causato da un eccesso di irrigazione o da un substrato troppo compatto. Le radici sane devono essere bianche o marrone chiaro. Se trovate radici nere o mollicce, riducete l'irrigazione e trapiantate la pianta in un substrato ben drenato. Tagliate le radici danneggiate con strumenti sterilizzati per prevenire la diffusione del marciume.

4. Muffa o Fungo: La comparsa di muffe bianche o macchie nere sulle foglie è un indicatore di un ambiente troppo umido e poco ventilato. Migliorate la circolazione dell'aria intorno alla pianta e trattate con un fungicida specifico per piante carnivore. Evitate di spruzzare acqua direttamente sulle foglie.

5. Trappole che Non Si Chiudono: Se le trappole non si chiudono più correttamente, potrebbe essere dovuto a una carenza di luce, a un esaurimento nutrizionale o a una vecchiaia naturale delle trappole stesse. Verificate che la pianta riceva luce sufficiente e sia in grado di catturare insetti. Rimuovete le trappole vecchie e non funzionanti per stimolare la crescita di nuove.

6. Trappole Nero-Marroni: Le trappole che diventano marroni o nere possono indicare una digestione incompleta o una trappola sovraccarica. Evitate di nutrire eccessivamente la pianta e assicuratevi che il cibo somministrato sia appropriato (insetti piccoli e vivi). Se necessario, potate le trappole danneggiate per evitare infezioni.

7. Pianta Appassita o Rammollita: Questo sintomo può indicare un problema di irrigazione, sia eccessiva che insufficiente. Verificate il livello di umidità del substrato: deve essere costantemente umido ma non inzuppato. Adjustate la frequenza di irrigazione in base alle condizioni ambientali.

8. Segni di Parassiti: Afidi, acari e altri piccoli parassiti possono infestare la pianta, causando deformazioni e danni alle foglie. Utilizzate insetticidi naturali come l'olio di neem e ispezionate regolarmente la pianta per rilevare eventuali infestazioni. Rimuovete manualmente gli insetti visibili e mantenete un ambiente pulito intorno alla pianta.

9. Manutenzione Durante la Dormienza: Durante il periodo di dormienza invernale, la pianta rallenta la crescita e può apparire malata. Questo è normale. Riducete l'irrigazione e mantenete la pianta in un luogo fresco e luminoso. In primavera, riprendete gradualmente le normali pratiche di cura.

10. Registrazione e Analisi: Tenete un diario di coltivazione dove annotare eventuali problemi riscontrati e le soluzioni applicate. Questo vi aiuterà a identificare pattern ricorrenti e a migliorare le vostre tecniche di coltivazione nel tempo.

Seguendo queste linee guida, potrete identificare e risolvere i problemi di crescita della vostra Dionaea Muscipula in modo tempestivo ed efficace, garantendo una pianta sana e vigorosa.

10. Risoluzione dei Problemi di Trapianto

Il trapianto della Dionaea Muscipula può presentare diverse sfide, soprattutto per i coltivatori meno esperti. In questo paragrafo, discuteremo i problemi più comuni che possono insorgere durante e dopo il trapianto, offrendo soluzioni pratiche per garantire una transizione senza intoppi e il benessere della pianta.

1. Stress da Trapianto: Dopo il trapianto, è comune che la pianta mostri segni di stress, come foglie appassite o ingiallite. Per ridurre lo stress, cercate di manipolare il meno possibile le radici e mantenete la pianta in un ambiente con condizioni stabili. Evitate di esporre la pianta a cambiamenti drastici di luce o temperatura subito dopo il trapianto.

2. Radici Danneggiate: Durante il trapianto, è facile danneggiare le delicate radici della Dionaea Muscipula. Se notate radici spezzate, tagliate le parti danneggiate con strumenti sterilizzati. Dopo il trapianto, assicuratevi che il substrato sia ben drenato e non troppo compatto per permettere una buona aerazione delle radici.

3. Marciume delle Radici: Se la pianta inizia a mostrare segni di marciume delle radici dopo il trapianto, come foglie nere o radici molli, è probabile che il substrato sia troppo umido o che ci sia una cattiva aerazione. Trapiantate immediatamente in un nuovo substrato ben drenato, composto da torba di sfagno e perlite. Riducete l'irrigazione e migliorate la circolazione dell'aria intorno alla pianta.

4. Mancanza di Crescita: Se la pianta non riprende a crescere dopo il trapianto, potrebbe essere dovuto a un problema di nutrienti o luce. Assicuratevi che la pianta riceva luce solare diretta per almeno 4-6 ore al giorno. Potrebbe essere utile aggiungere una piccola quantità di fertilizzante specifico per piante carnivore al substrato, ma fate attenzione a non sovradosare.

5. Problemi di Assestamento: A volte, la pianta può sembrare instabile o non ben radicata nel nuovo substrato. Per migliorare la stabilità, assicuratevi che le radici siano ben distribuite e coperte dal substrato durante il trapianto. Dopo il trapianto, premete leggermente il substrato intorno alla base della pianta per fissarla meglio.

6. Parassiti e Malattie: Dopo il trapianto, la pianta può essere più suscettibile a parassiti e malattie a causa dello stress. Controllate regolarmente la pianta per segni di infestazione o infezioni fungine. Utilizzate prodotti specifici, come insetticidi naturali o fungicidi, per trattare eventuali problemi subito.

7. Disidratazione: Se la pianta mostra segni di disidratazione, come foglie secche e fragili, assicuratevi che il substrato sia uniformemente umido ma non inzuppato. Nei primi giorni dopo il trapianto, potrebbe essere utile coprire la pianta con un sacchetto di plastica trasparente per mantenere l'umidità alta, ma assicuratevi di rimuoverlo gradualmente per evitare la formazione di muffe.

8. Alterazioni del Substrato: Se notate che il substrato si compatta troppo rapidamente o non drena bene, potrebbe essere necessario sostituirlo con una miscela più adeguata. La torba di sfagno e la perlite in un rapporto 1:1 sono ideali per garantire un buon drenaggio e aerazione.

9. Foglie Danneggiate: Durante il trapianto, le foglie possono essere accidentalmente danneggiate. Rimuovete le foglie danneggiate con strumenti sterilizzati per prevenire infezioni. La pianta produrrà nuove foglie man mano che si stabilizza nel nuovo substrato.

10. Monitoraggio Post-Trapianto: Dopo il trapianto, è fondamentale monitorare attentamente la pianta per le prime settimane. Annotate eventuali cambiamenti e intervenite prontamente se notate segni di stress o malessere. Regolate l'irrigazione, la luce e le condizioni ambientali secondo le esigenze specifiche della pianta.

Seguendo queste indicazioni, potrete risolvere efficacemente i problemi di trapianto della Dionaea Muscipula, garantendo una pianta sana e vigorosa nel vostro appartamento.

V. Esigenze di Luce

1. Tipi di Luce Necessari

La Dionaea Muscipula, come molte altre piante carnivore, richiede un'illuminazione adeguata per sopravvivere e prosperare. In questo capitolo, esploreremo i diversi tipi di luce necessari per garantire una crescita ottimale della vostra pianta carnivora all'interno dell'appartamento.

1. Luce Solare Diretta: La Dionaea Muscipula è una pianta che predilige la luce solare diretta. In natura, cresce in aree soleggiate e aperte, esposte alla piena luce del sole. Quando coltivate la vostra Dionaea Muscipula in casa, assicuratevi di posizionarla in una finestra ben esposta al sole, preferibilmente rivolta a sud o a ovest, dove riceverà almeno 4-6 ore di luce solare diretta al giorno.

2. Luce Artificiale: Se non è possibile fornire alla vostra pianta sufficiente luce solare diretta, potete integrare la sua illuminazione con l'uso di luci artificiali. Le lampade fluorescenti o a LED sono opzioni eccellenti per fornire una luce di qualità alla vostra Dionaea Muscipula. Optate per lampade con una temperatura di colore compresa tra 5000 e 6500 Kelvin, che ricrea meglio la luce solare.

3. Luce Blu e Rossa: Le piante carnivore come la Dionaea Muscipula beneficiano di una combinazione di luce blu e rossa durante il loro ciclo di crescita. La luce blu favorisce la crescita vegetativa, stimolando lo sviluppo delle foglie e delle radici. La luce rossa, invece, è essenziale per la fotosintesi e la fioritura. Assicuratevi che le vostre lampade artificiali emettano una quantità adeguata di entrambi i colori per garantire una crescita equilibrata della vostra pianta.

4. Durata dell'Illuminazione: Anche se la Dionaea Muscipula ama la luce solare diretta, è importante non esporla a una luce troppo intensa per lunghi periodi, specialmente nelle giornate più calde. Troppa luce intensa può causare ustioni alle foglie. Per simulare il ciclo giorno-notte naturale della pianta, assicuratevi di fornire alla vostra Dionaea Muscipula almeno 12-16 ore di luce al giorno durante la stagione di crescita attiva.

5. Posizionamento delle Luci: Quando utilizzate luci artificiali, assicuratevi di posizionarle a una distanza ottimale dalla vostra pianta. Troppo vicine, le lampade possono surriscaldare e danneggiare le foglie, mentre troppo lontane potrebbero non fornire abbastanza luce. Mantenete le luci a una distanza di circa 6-12 pollici dalla pianta per garantire una distribuzione uniforme della luce e evitare danni.

Fornire alla vostra Dionaea Muscipula l'illuminazione adeguata è fondamentale per garantire una crescita vigorosa e una salute ottimale. Assicuratevi di scegliere la giusta combinazione di luce solare diretta e artificiale per soddisfare le esigenze della vostra pianta carnivora.

2. Durata dell'Esposizione alla Luce

La corretta durata dell'esposizione alla luce è cruciale per il benessere della vostra Dionaea Muscipula. In questo paragrafo, esploreremo quanto tempo dovrebbe essere esposta alla luce per garantire una crescita ottimale.

La Dionaea Muscipula richiede una durata specifica di esposizione alla luce per svolgere processi vitali come la fotosintesi e il metabolismo. Ecco alcuni punti importanti da considerare:

1. Durata Giornaliera: Durante la stagione di crescita attiva, la vostra Dionaea Muscipula dovrebbe ricevere almeno 12-16 ore di luce al giorno. Questo assicura un adeguato apporto energetico per supportare la crescita delle foglie e la produzione di trappole per insetti.

2. Ciclo Giorno-Notte: È importante rispettare un ciclo giorno-notte regolare per la vostra pianta. Durante la notte, la Dionaea Muscipula ha bisogno di una pausa dall'illuminazione per consentire processi biologici cruciali come la respirazione cellulare. Assicuratevi di spegnere le luci durante le ore notturne per garantire un riposo adeguato alla vostra pianta.

3. Monitoraggio della Crescita: Osservate attentamente la vostra Dionaea Muscipula per determinare se la durata dell'esposizione alla luce è appropriata. Se notate segni di stress, come foglie che diventano gialle o bruciate, potrebbe essere necessario regolare la durata o l'intensità della luce.

4. Adattamento stagionale: Durante i mesi invernali, quando i giorni sono più corti, potrebbe essere necessario fornire luce supplementare alla vostra pianta per mantenere la durata dell'esposizione alla luce ottimale. Utilizzate luci artificiali per compensare la mancanza di luce solare diretta.

5. Esposizione Indiretta: Evitate l'esposizione diretta alla luce intensa durante le ore più calde della giornata, specialmente in estate. Troppa luce intensa può causare ustioni alle foglie. Se necessario, filtrate la luce solare diretta con tende o utilizzate riflettori per diffondere la luce in modo più uniforme.

Assicurarsi di fornire alla vostra Dionaea Muscipula la giusta durata di esposizione alla luce è essenziale per garantire una crescita sana e robusta della pianta.

3. Posizionamento della Pianta

Il posizionamento corretto della vostra Dionaea Muscipula è fondamentale per garantire che riceva la giusta quantità di luce e condizioni ambientali ottimali per la crescita. In questo paragrafo, esploreremo i migliori posizionamenti per la vostra pianta carnivora all'interno del vostro appartamento.

1. Esposizione alla Luce: Trovare una posizione che offra una buona esposizione alla luce è essenziale. Idealmente, posizionate la vostra Dionaea Muscipula vicino a una finestra rivolta a sud o a ovest, dove riceverà la massima quantità di luce solare diretta. Tuttavia, fate attenzione a evitare l'esposizione diretta alla luce intensa nelle ore più calde del giorno, poiché potrebbe causare danni alle foglie.

2. Luce Artificiale: Se non avete accesso a una quantità sufficiente di luce naturale, potete integrare la luce solare con l'illuminazione artificiale. Utilizzate lampade a LED o fluorescenti a spettro completo per fornire alla vostra pianta la luce di cui ha bisogno per la fotosintesi. Posizionate le luci a una distanza adeguata dalla pianta per evitare bruciature occessive.

3. Temperatura e Umidità: Considerate anche le condizioni di temperatura e umidità quando scegliete il posizionamento della vostra Dionaea Muscipula. Evitate di posizionarla vicino a fonti di calore come termosifoni o condizionatori d'aria, che potrebbero alterare drasticamente le condizioni ambientali. Mantenete anche un livello adeguato di umidità attorno alla pianta, specialmente in ambienti interni riscaldati.

4. Ventilazione: Assicuratevi che la vostra pianta abbia accesso a una buona ventilazione per favorire lo scambio di aria e prevenire la formazione di muffe o malattie. Evitate di posizionarla in luoghi chiusi o stagnanti e assicuratevi che ci sia un flusso d'aria sufficiente intorno alla pianta.

5. Protezione dalle Correnti d'Aria: Evitate di posizionare la vostra Dionaea Muscipula in luoghi soggetti a forti correnti d'aria, come vicino a porte o finestre aperte. Le correnti d'aria possono danneggiare le foglie sensibili della pianta e comprometterne la sua salute complessiva.

Trova un equilibrio tra l'esposizione alla luce solare, la temperatura, l'umidità e la ventilazione per garantire che la vostra Dionaea Muscipula sia felice e prosperi nel suo ambiente domestico.

4. Uso delle Luci Artificiali

Le luci artificiali possono essere un prezioso complemento alla luce solare naturale per garantire che la vostra Dionaea Muscipula riceva la quantità ottimale di illuminazione necessaria per la crescita sana. In questo paragrafo, esploreremo come utilizzare efficacemente le luci artificiali per soddisfare le esigenze luminose della vostra pianta carnivora.

1. Tipo di Lampade: Quando si sceglie una lampada artificiale per la Dionaea Muscipula, è importante optare per lampade a LED o fluorescenti a spettro completo. Questi tipi di lampade emettono una gamma completa di colori che imitano la luce solare e forniscono alla pianta la luce di cui ha bisogno per la fotosintesi.

2. Intensità della Luce: Regolate l'intensità delle luci artificiali in base alle esigenze specifiche della vostra pianta e alla distanza dalla fonte luminosa. In generale, posizionate le lampade a una distanza di circa 15-30 centimetri dalla pianta per garantire una distribuzione uniforme della luce e evitare bruciature sulle foglie.

3. Durata dell'Illuminazione: La durata ideale dell'illuminazione artificiale dipende dalle esigenze individuali della pianta e dalla quantità di luce solare naturale disponibile. In genere, è consigliabile fornire alla vostra Dionaea Muscipula circa 12-14 ore di luce al giorno durante la stagione di crescita attiva. Utilizzate un timer per regolare automaticamente l'accensione e lo spegnimento delle luci per garantire una costante esposizione alla luce.

4. Ciclo Giorno-Notte: Assicuratevi di fornire alla vostra pianta un periodo di oscurità adeguato durante la notte per consentirle di riposare e completare i processi metabolici necessari per la crescita. Rispettare un ciclo giorno-notte regolare aiuta a mantenere la salute generale della pianta e a ridurre il rischio di stress da illuminazione eccessiva.

5. Monitoraggio e Regolazione: Monitorate attentamente la crescita della vostra Dionaea Muscipula e regolate l'uso delle luci artificiali in base alle sue risposte. Se notate segni di bruciature sulle foglie o una crescita insoddisfacente, potrebbe essere necessario regolare l'intensità o la durata dell'illuminazione.

Utilizzate le luci artificiali in modo oculato e combinato con la luce solare naturale per garantire che la vostra Dionaea Muscipula riceva la quantità ottimale di illuminazione per una crescita sana e vigorosa.

5. Benefici della Luce Naturale

La luce solare naturale è una risorsa preziosa per la salute e la crescita ottimale della vostra Dionaea Muscipula. In questo paragrafo, esploreremo i molteplici benefici che la luce naturale porta alla vostra pianta carnivora e come massimizzare il suo utilizzo all'interno di un ambiente domestico.

1. Intensità e Spettro Luminoso: La luce solare fornisce una vasta gamma di colori e intensità che sono essenziali per la fotosintesi e la crescita delle piante. Le piante carnivore, compresa la Dionaea Muscipula, hanno adattato i loro meccanismi di assorbimento per trarre vantaggio dalla luce solare, in particolare dallo spettro luminoso blu e rosso. Questi colori favoriscono la fotosintesi, la produzione di clorofilla e la crescita sana delle foglie e delle trappole.

2. Promozione della Fotosintesi: La luce solare fornisce l'energia necessaria per il processo di fotosintesi, durante il quale le piante convertono anidride carbonica e acqua in zuccheri e ossigeno. Una quantità adeguata di luce solare favorisce una fotosintesi efficiente, che a sua volta supporta la crescita, lo sviluppo e la salute generale della Dionaea Muscipula.

3. Stimolo della Fioritura e della Riproduzione: La luce solare svolge un ruolo cruciale nel regolare il ciclo di fioritura e riproduzione delle piante. Una corretta esposizione alla luce solare può promuovere la fioritura della vostra Dionaea Muscipula e favorire la produzione di semi, consentendo così alla pianta di riprodursi con successo.

4. Benefici Psicologici per l'Essere Umano: Oltre ai suoi benefici diretti per le piante, la luce solare naturale ha anche effetti positivi sul benessere psicologico e emotivo degli esseri umani. Coltivare piante in un ambiente luminoso e ben illuminato può migliorare l'umore, ridurre lo stress e aumentare la produttività complessiva.

5. Riduzione del Consumo Energetico: Utilizzare la luce solare come fonte primaria di illuminazione per la vostra Dionaea Muscipula può contribuire a ridurre il consumo energetico complessivo della casa. Riducendo la dipendenza dalle luci artificiali, si riducono anche i costi energetici e l'impatto ambientale complessivo.

Sfruttate al massimo i benefici della luce solare naturale per favorire la crescita e la salute della vostra Dionaea Muscipula, posizionando la pianta in un'area ben illuminata della vostra casa e garantendo un'esposizione adeguata alla luce solare.

6. Controllo della Luce in Appartamento

Nell'ambiente domestico, può essere necessario fare fronte a sfide legate al controllo della luce, specialmente se non si dispone di una quantità sufficiente di luce solare diretta. Tuttavia, con le giuste strategie, è possibile ottimizzare l'illuminazione per la vostra Dionaea Muscipula.

1. Posizionamento Strategico: In assenza di una quantità adeguata di luce solare diretta, è importante posizionare la vostra Dionaea Muscipula vicino a finestre luminose o fonti di luce naturale. Le finestre orientate a sud forniscono generalmente la luce solare più intensa, seguite dalle finestre orientate ad est e ovest. Evitate di posizionare la pianta in aree ombreggiate o lontane dalle finestre, poiché ciò potrebbe compromettere la sua crescita.

2. Utilizzo di Luci Artificiali: Quando la luce solare è limitata, è possibile integrare l'illuminazione con luci artificiali a spettro completo. Le lampade fluorescenti o a LED progettate per emettere una luce simile alla luce solare possono essere efficaci nell'offrire la quantità e la qualità di luce di cui la Dionaea Muscipula ha bisogno per crescere sana e forte.

3. Durata dell'Illuminazione: Mantenete la vostra pianta carnivora esposta alla luce per un periodo di tempo adeguato ogni giorno. Idealmente, la Dionaea Muscipula dovrebbe ricevere almeno 10-12 ore di luce al giorno per una crescita ottimale. Utilizzate timer o apposite prese programmabili per garantire un'esposizione costante alla luce, anche in assenza di supervisione diretta.

4. Monitoraggio della Luminosità: Verificate regolarmente l'intensità e la qualità della luce che raggiunge la vostra pianta. Se notate segni di crescita debole o allungata, potrebbe essere necessario regolare l'esposizione alla luce o integrare l'illuminazione con lampade aggiuntive.

5. Schermatura dalla Luce Diretta: Anche se la Dionaea Muscipula apprezza la luce solare, è importante evitare l'esposizione diretta ai raggi solari intensi, specialmente durante le ore più calde del giorno. Utilizzate tende o schermi per filtrare la luce e proteggere la pianta dalle scottature solari.

Mantenere un controllo attento sull'illuminazione è fondamentale per garantire il benessere della vostra Dionaea Muscipula anche in un ambiente domestico meno favorevole alla crescita naturale.

7. Monitoraggio dell'Esposizione alla Luce

Per garantire che la vostra Dionaea Muscipula riceva la giusta quantità e qualità di luce, è essenziale monitorare attentamente la sua esposizione luminosa.

1. Registrazione delle Ore di Luce: Tenete un registro delle ore di luce a cui la pianta è esposta quotidianamente. Potete utilizzare un semplice quaderno o un'applicazione per smartphone dedicata alla gestione delle piante per registrare l'orario di accensione e spegnimento delle luci artificiali o la durata dell'esposizione alla luce solare.

2. Valutazione dell'Intensità Luminosa: Oltre alla durata dell'illuminazione, è importante valutare anche l'intensità luminosa. Potete utilizzare un luxmetro, uno strumento disponibile in commercio, per misurare la quantità di luce che raggiunge la vostra pianta. Posizionate il luxmetro vicino alla Dionaea Muscipula per valutare l'intensità luminosa nella sua posizione.

3. Monitoraggio dei Cambiamenti di Crescita: Osservate attentamente eventuali cambiamenti nella crescita della vostra Dionaea Muscipula. Se notate segni di crescita debole, ingiallimento delle foglie o allungamento dei fusti, potrebbe essere necessario regolare l'esposizione alla luce per adattarla alle esigenze della pianta.

4. Rotazione della Pianta: Periodicamente, ruotate la vostra pianta carnivora per garantire una distribuzione uniforme della luce su tutte le sue parti. Questo aiuterà a prevenire il fenomeno dell'allungamento delle foglie dovuto a un'esposizione luminosa unilaterale.

5. Adattamento Graduale: Se state introducendo la Dionaea Muscipula a nuove condizioni di illuminazione, fatelo in modo graduale per evitare lo stress da cambiamento repentino. Aumentate o diminuite gradualmente l'esposizione alla luce per consentire alla pianta di adattarsi gradualmente alle nuove condizioni luminose.

Monitorare attentamente l'esposizione alla luce vi aiuterà a fornire alla vostra Dionaea Muscipula l'ambiente luminoso ottimale per una crescita sana e vigorosa.

8. Sintomi di Luce Inadeguata

È importante essere consapevoli dei segni che indicano una luce inadeguata per la vostra Dionaea Muscipula. Riconoscere questi sintomi vi permetterà di intervenire tempestivamente per correggere il problema e garantire una crescita ottimale della vostra pianta carnivora.

1. Allungamento e Assottigliamento delle Foglie: Se notate che le foglie della vostra Dionaea Muscipula diventano più sottili e allungate rispetto al solito, potrebbe essere un segno di luce insufficiente. La pianta cerca di raggiungere più luce allungando le foglie verso la fonte luminosa.

2. Colore Pallido delle Foglie: Le foglie della Dionaea Muscipula esposte a una luce insufficiente potrebbero perdere il loro colore vivido e diventare più pallide. Se notate che le foglie assumono una tonalità verde chiaro o giallognola, potrebbe essere necessario aumentare l'esposizione alla luce.

3. Crescita Lenta o Inibita: Una luce insufficiente può rallentare o addirittura inibire la crescita della vostra pianta carnivora. Se osservate che la Dionaea Muscipula non sta crescendo come ci si aspetterebbe o che i nuovi germogli non si sviluppano correttamente, potrebbe essere necessario migliorare l'illuminazione.

4. Assenza di Produzione di Trappole: Le condizioni di luce inadeguate possono influenzare la capacità della pianta di produrre nuove trappole. Se la vostra Dionaea Muscipula non produce nuove trappole o se le trappole esistenti non si chiudono correttamente, potrebbe essere un segno di carenza luminosa.

5. Mortalità dei Germogli: In casi estremi di luce insufficiente, i germogli più giovani potrebbero morire prematuramente. Se notate la morte improvvisa dei germogli o il deterioramento delle giovani foglie, è essenziale intervenire rapidamente per fornire alla pianta una migliore illuminazione.

Osservando attentamente questi sintomi, sarete in grado di identificare e correggere tempestivamente eventuali problemi legati all'illuminazione della vostra Dionaea Muscipula, garantendo così una crescita sana e vigorosa.

9. Adattamento alle Stagioni

L'adattamento della Dionaea Muscipula alle stagioni è un aspetto cruciale da considerare quando si gestisce l'illuminazione della vostra pianta carnivora. Le stagioni portano cambiamenti significativi nella durata e nell'intensità della luce solare, e comprendere come la vostra pianta reagisce a questi cambiamenti vi aiuterà a mantenere un ambiente ottimale per la crescita.

Primavera ed Estate: Durante i mesi più luminosi della primavera e dell'estate, la vostra Dionaea Muscipula beneficerà di una maggiore esposizione alla luce solare. Assicuratevi di posizionare la pianta in un luogo dove possa ricevere almeno 6-8 ore di luce solare diretta al giorno. Se l'illuminazione naturale è insufficiente, è possibile integrare con luci artificiali per garantire un'adeguata esposizione alla luce.

Autunno: Con l'arrivo dell'autunno, le giornate diventano più brevi e l'intensità della luce solare diminuisce gradualmente. Potreste notare una riduzione della crescita della vostra Dionaea Muscipula in risposta a questa diminuzione della luce. In questo periodo, potrebbe essere necessario regolare l'illuminazione artificiale per compensare la mancanza di luce naturale.

Inverno: Durante i mesi invernali, quando la luce del sole è più scarsa, è fondamentale fornire alla vostra pianta carnivora un'illuminazione adeguata. Potreste considerare l'utilizzo di luci artificiali a spettro completo per garantire che la Dionaea Muscipula riceva la quantità di luce di cui ha bisogno per sopravvivere e crescere in modo sano.

Monitorare attentamente l'adattamento della vostra Dionaea Muscipula alle stagioni vi permetterà di regolare efficacemente l'illuminazione per soddisfare le esigenze della pianta in ogni periodo dell'anno, garantendo così una crescita ottimale e una salute duratura.

10. Protezione dalla Luce Eccessiva

La luce solare diretta e intensa può essere dannosa per la vostra Dionaea Muscipula, specialmente durante le giornate più calde e luminose dell'estate. Se la pianta viene esposta a una luce troppo intensa per periodi prolungati, può verificarsi il fenomeno della scottatura, che danneggia le foglie e compromette la salute complessiva della pianta.

Per proteggere la vostra Dionaea Muscipula dalla luce eccessiva, è importante adottare alcune misure preventive:

1. Ombreggiatura: Posizionate la vostra pianta carnivora in un luogo dove possa ricevere luce solare indiretta o parzialmente filtrata. Questo può essere ottenuto attraverso l'uso di tende o tendaggi leggeri che riducono l'intensità della luce solare diretta.

2. Protezione temporanea: Durante le giornate particolarmente calde e luminose, potete proteggere la vostra Dionaea Muscipula spostandola in un'area più ombreggiata o fornendo una protezione temporanea con un ombrello o una struttura leggera.

3. Schermatura delle finestre: Se coltivate la vostra pianta in casa, potete utilizzare pellicole per finestre o tende apposite che riducono la quantità di luce solare diretta che entra nella stanza.

4. Riflessione della luce: Utilizzate materiali riflettenti intorno alla vostra pianta per ridistribuire la luce solare in modo più uniforme e ridurre l'intensità della luce diretta.

Prendendo queste precauzioni, potrete proteggere la vostra Dionaea Muscipula dalla luce eccessiva e garantire che continui a crescere in modo sano e vigoroso.

VI. Irrigazione e Umidità

1. Bisogni di Acqua della Dionaea Muscipula

La gestione dell'acqua è un aspetto cruciale per mantenere la salute e la vitalità della vostra Dionaea Muscipula. Essendo originaria di habitat umidi e paludosi, questa pianta carnivora ha bisogno di un'adeguata quantità di acqua per sopravvivere e prosperare. Tuttavia, è altrettanto importante evitare eccessi d'acqua che potrebbero causare marciume radicale o altre problematiche legate all'idratazione e al drenaggio inadeguati.

Ecco alcuni punti fondamentali da considerare per soddisfare i bisogni idrici della vostra Dionaea Muscipula:

1. Umidità ambientale: Questa pianta carnivora prospera in ambienti con un'alta umidità relativa. Mantenere l'umidità intorno alla pianta è essenziale per il suo benessere. Potete aumentare l'umidità ambiente posizionando la pianta su un vassoio con ciottoli e acqua o utilizzando un umidificatore nell'ambiente circostante.

2. Annaffiature: La Dionaea Muscipula richiede annaffiature regolari con acqua distillata, demineralizzata o piovana. Evitate l'uso di acqua del rubinetto, che potrebbe contenere elevate concentrazioni di minerali o sostanze chimiche dannose per la pianta. Annaffiate la pianta quando il terreno inizia ad asciugarsi leggermente in superficie, ma assicuratevi che il substrato non si secchi completamente.

3. Metodo di irrigazione: Evitate di annaffiare eccessivamente la vostra Dionaea Muscipula. Utilizzate il metodo di irrigazione dall'alto, versando l'acqua direttamente sul substrato fino a quando non inizia a scolare dal fondo del vaso. Evitate di lasciare la pianta immersa nell'acqua per lunghi periodi, poiché ciò potrebbe causare marciume radicale.

4. Controllo del drenaggio: Assicuratevi che i vasi abbiano fori di drenaggio sufficienti per consentire all'acqua in eccesso di defluire via rapidamente. Utilizzate un substrato ben drenante, come torba o perlite, per evitare il ristagno d'acqua intorno alle radici.

Prestando attenzione a questi bisogni idrici e seguendo pratiche di annaffiatura appropriate, potrete garantire una corretta idratazione della vostra Dionaea Muscipula e favorire la sua crescita e la sua salute complessiva.

2. Tipi di Acqua da Usare

La scelta del tipo di acqua da utilizzare per annaffiare la vostra Dionaea Muscipula è cruciale per garantire la sua salute e il suo benessere. Ecco una panoramica dei diversi tipi di acqua e delle loro caratteristiche:

1. Acqua distillata: L'acqua distillata è priva di impurità e minerali, rendendola una scelta ideale per l'irrigazione delle piante carnivore come la Dionaea Muscipula. È disponibile in bottiglie presso i supermercati o può essere prodotta utilizzando un distillatore d'acqua.

2. Acqua demineralizzata: Simile all'acqua distillata, l'acqua demineralizzata è stata trattata per rimuovere i minerali e le impurità. È una buona alternativa all'acqua distillata e può essere facilmente reperita nei negozi di giardinaggio o nei supermercati.

3. Acqua piovana: L'acqua piovana è naturalmente priva di cloro e contiene pochi minerali, rendendola adatta all'irrigazione delle piante carnivore. Tuttavia, assicuratevi di raccogliere l'acqua piovana in modo sicuro, lontano da inquinanti atmosferici e da materiali contaminati.

4. Acqua del rubinetto trattata: Se non avete accesso all'acqua distillata o demineralizzata, potete trattare l'acqua del rubinetto per renderla adatta all'irrigazione. Lasciate l'acqua del rubinetto in un contenitore aperto per almeno 24 ore per consentire all'eccesso di cloro di evaporare. Potete anche utilizzare un filtro per acqua per rimuovere le impurità.

Evitate di utilizzare acqua del rubinetto non trattata, poiché potrebbe contenere cloro, fluoruri o altri composti dannosi per la vostra pianta carnivora.

3. Frequenza dell'Irrigazione

La frequenza dell'irrigazione per la Dionaea Muscipula dipende da diversi fattori, tra cui le condizioni ambientali, il tipo di substrato e lo stadio di crescita della pianta. Ecco alcune linee guida generali da seguire:

1. Valutazione del substrato: Prima di irrigare la vostra pianta, controllate sempre lo stato del substrato. Infilate delicatamente un dito nel terreno fino a circa 2-3 centimetri di profondità. Se il substrato risulta asciutto al tatto, è il momento di irrigare. Evitate di irrigare se il terreno è ancora umido, poiché l'eccesso d'acqua può portare al marciume delle radici.

2. Frequenza in base alla stagione: Durante i mesi più caldi dell'anno, quando la temperatura e l'umidità ambientale sono elevate, la Dionaea Muscipula richiede un'irrigazione più frequente. In genere, potrebbe essere necessario annaffiare la pianta una o due volte alla settimana. Durante i mesi più freddi, quando la pianta entra in uno stato di dormienza, è consigliabile ridurre la frequenza dell'irrigazione a una volta ogni due settimane o anche meno, a seconda delle condizioni.

3. Monitoraggio delle condizioni ambientali: Osservate attentamente le condizioni ambientali nella vostra area di coltivazione. Se l'aria è particolarmente secca o calda, la vostra pianta potrebbe richiedere più acqua del solito. Al contrario, in un ambiente fresco e umido, potrebbe essere necessario irrigare meno frequentemente.

4. Evitare il ristagno d'acqua: Assicuratevi sempre che il vaso della vostra Dionaea Muscipula abbia un buon drenaggio per evitare il ristagno d'acqua. Un'eccessiva stagnazione può portare al deperimento delle radici e alla comparsa di malattie fungine.

5. Ascoltare la pianta: Osservate attentamente la vostra pianta e imparate a riconoscere i segnali di disidratazione, come foglie appassite o abbassate. Questi sono segnali che la pianta ha bisogno di acqua e dovrebbe essere irrigata prontamente.

Adattate la frequenza dell'irrigazione in base alle esigenze specifiche della vostra Dionaea Muscipula, tenendo sempre presente che è meglio essere cauti con l'acqua piuttosto che eccedere.

4. Metodi di Irrigazione

Esistono diversi metodi di irrigazione tra cui scegliere quando si tratta di fornire acqua alla vostra Dionaea Muscipula. Ecco alcuni dei più comuni:

1. Irrigazione dall'alto: Questo è il metodo più tradizionale e consiste nel versare acqua direttamente sul terreno del vaso fino a quando il substrato è completamente inumidito. Tuttavia, è importante farlo con delicatezza per evitare di disturbare le sensibili foglie della pianta trappola.

2. Immersione del vaso: Questo metodo prevede di immergere il vaso della pianta in un recipiente contenente acqua fino a quando il substrato assorbe l'umidità di cui ha bisogno. Dopo alcuni minuti, si può rimuovere il vaso dall'acqua e lasciarlo drenare completamente prima di rimetterlo nel suo posto.

3. Irrigazione a goccia: Utilizzando un sistema di irrigazione a goccia, è possibile somministrare acqua direttamente al substrato della pianta in modo lento e costante. Questo metodo è particolarmente utile per garantire un'umidità uniforme e controllata senza rischi di sovra-irrigazione.

4. Nebulizzazione: Per mantenere un'umidità atmosferica ottimale intorno alla vostra Dionaea Muscipula, potete utilizzare un vaporizzatore o uno spruzzino per spruzzare leggermente acqua intorno alla pianta. Assicuratevi di non bagnare direttamente le foglie, poiché ciò potrebbe causare danni.

5. Vaso autoriempiente: Questo metodo prevede l'utilizzo di un vaso autoriempiente che fornisce acqua alla pianta man mano che ne ha bisogno. Il vaso ha un serbatoio d'acqua nella parte inferiore che viene assorbito dal substrato attraverso un processo capillare.

Scegliete il metodo di irrigazione che meglio si adatta alle vostre esigenze e al vostro stile di coltivazione, tenendo sempre presente l'importanza di fornire acqua in modo equilibrato e senza eccedere.

5. Controllo dell'Umidità

Mantenere un livello ottimale di umidità è cruciale per la salute della vostra Dionaea Muscipula, poiché questa pianta carnivora è nativa di ambienti umidi come le paludi. Ecco alcuni consigli pratici per controllare l'umidità intorno alla vostra pianta:

1. Monitoraggio regolare: Utilizzate un igrometro per misurare l'umidità relativa dell'aria intorno alla vostra pianta. Un livello di umidità compreso tra il 50% e il 60% è ideale per la Dionaea Muscipula.

2. Vaporizzatori e umidificatori: Se l'umidità della vostra casa è troppo bassa, potete utilizzare vaporizzatori o umidificatori per aumentarla. Posizionate questi dispositivi vicino alla pianta per mantenere un ambiente più umido intorno ad essa.

3. Vaschette d'acqua: Posizionate vaschette d'acqua vicino alla vostra pianta. Quando l'acqua evapora dalle vaschette, aumenta l'umidità dell'aria circostante. Potete anche aggiungere ghiaia o ciottoli alle vaschette per aumentare la superficie di evaporazione.

4. Gruppi di piante: Riunire diverse piante carnivore insieme può aiutare a creare un microclima più umido intorno a ciascuna pianta. Le piante rilasciano umidità durante il processo di traspirazione, contribuendo a creare un ambiente più confortevole per tutte.

5. Evitare correnti d'aria: Le correnti d'aria possono asciugare rapidamente l'aria intorno alla vostra pianta. Assicuratevi di posizionarla in un luogo dove non sia esposta a correnti d'aria costanti da ventilatori, condizionatori d'aria o altre fonti di ventilazione.

Controllare l'umidità intorno alla vostra Dionaea Muscipula è essenziale per garantire il suo benessere e favorire una crescita sana e vigorosa.

6. Utilizzo di Vassoi per l'Irrigazione

I vassoi per l'irrigazione sono un metodo pratico ed efficace per garantire che la vostra Dionaea Muscipula riceva la giusta quantità di acqua senza eccessi. Ecco come utilizzarli correttamente:

1. Scelta del vassoio: Scegliete un vassoio poco profondo che sia abbastanza grande da contenere il vaso della vostra pianta. Assicuratevi che il vassoio abbia una profondità sufficiente per contenere una piccola quantità d'acqua senza che questa raggiunga il fondo del vaso della pianta.

2. Riempimento del vassoio: Riempite il vassoio con acqua fino a circa metà della sua altezza. Assicuratevi che l'acqua non tocchi direttamente il fondo del vaso della pianta, ma che sia abbastanza vicina da permettere alla pianta di assorbire l'umidità attraverso il fondo dei suoi vasi.

3. Controllo dell'assorbimento: Monitorate attentamente quanto tempo impiega la vostra Dionaea Muscipula per assorbire l'acqua dal vassoio. In genere, lasciate la pianta nel vassoio per circa 30 minuti e poi rimuovetela per evitare ristagni d'acqua eccessivi.

4. Frequenza dell'irrigazione: La frequenza con cui utilizzate i vassoi per l'irrigazione dipenderà dalle esigenze specifiche della vostra pianta e dalle condizioni ambientali. In genere, è consigliabile irrigare la Dionaea Muscipula tramite vassoio una volta alla settimana durante i periodi di crescita attiva, riducendo la frequenza durante i mesi invernali quando la pianta è in stato di dormienza.

5. Pulizia del vassoio: Assicuratevi di pulire regolarmente il vassoio per evitare la formazione di muffe o batteri che potrebbero danneggiare le radici della vostra pianta. Utilizzate acqua tiepida e sapone delicato per lavare il vassoio e risciacquatelo accuratamente prima di riutilizzarlo.

Utilizzare vassoi per l'irrigazione è un modo pratico e conveniente per fornire acqua alla vostra Dionaea Muscipula in modo controllato e accurato.

7. Sintomi di Eccesso di Acqua

È importante essere consapevoli dei segni che indicano un'eccessiva irrigazione della vostra Dionaea Muscipula. Ecco alcuni sintomi comuni da tenere d'occhio:

1. Marciume radicale: Uno dei sintomi più evidenti di eccesso di acqua è il marciume delle radici. Le radici diventano molli, scure e possono iniziare a emettere cattivi odori. Se notate questo sintomo, è essenziale agire prontamente per evitare danni permanenti alla pianta.

2. Foglie gialle o appassite: Un'altra indicazione di eccesso di acqua è quando le foglie della Dionaea Muscipula diventano gialle o iniziano ad appassire. Questo può essere causato dalla mancanza di ossigeno nelle radici a causa dell'acqua stagnante.

3. Muffa o muffa sul terreno: Se notate la comparsa di muffa o muffa sulla superficie del terreno, potrebbe essere un segno che il terreno è troppo umido. La muffa può danneggiare le radici e compromettere la salute della pianta.

4. Crescita lenta o stagnante: Un'altra conseguenza dell'eccesso di acqua è una crescita lenta o stagnante della Dionaea Muscipula. L'acqua in eccesso può soffocare le radici e ostacolare l'assorbimento dei nutrienti, impedendo alla pianta di crescere in modo sano.

5. Foglie cadenti: Le foglie che cadono facilmente o si staccano dalla pianta possono essere un segno di eccesso di acqua. Quando le radici sono danneggiate dall'acqua in eccesso, la pianta può perdere la capacità di mantenere le foglie.

Se notate uno o più di questi sintomi nella vostra Dionaea Muscipula, è importante agire prontamente per correggere il problema e ripristinare un equilibrio idrico sano.

8. Sintomi di Carenza di Acqua

Anche una carenza d'acqua può avere gravi conseguenze sulla salute della vostra Dionaea Muscipula. Ecco alcuni segni che indicano che la vostra pianta potrebbe non ricevere abbastanza acqua:

1. Foglie appassite o molli: Le foglie della Dionaea Muscipula possono diventare appassite o molli in assenza di acqua sufficiente. Questo è un meccanismo di difesa della pianta per conservare l'umidità quando le riserve d'acqua nel terreno sono esaurite.

2. Crescita rallentata: Una carenza d'acqua può rallentare la crescita della vostra pianta. Le nuove foglie potrebbero non svilupparsi o potrebbero apparire più piccole del solito.

3. Foglie secche o accartocciate: Quando la Dionaea Muscipula non riceve abbastanza acqua, le foglie possono diventare secche e accartocciate. Questo è un tentativo della pianta di conservare l'umidità riducendo la superficie di evaporazione.

4. Colore delle foglie alterato: Le foglie potrebbero perdere il loro colore vibrante e diventare opache o giallastre a causa della mancanza d'acqua. Questo è un segno che la pianta non sta ricevendo abbastanza idratazione per svolgere correttamente i processi fotosintetici.

5. Crescita delle radici ridotta: Una carenza d'acqua può anche influenzare la crescita delle radici, impedendo alla pianta di assorbire efficacemente acqua e nutrienti dal terreno.

Se notate uno o più di questi sintomi nella vostra Dionaea Muscipula, è importante fornire all'acqua la giusta quantità d'acqua per ripristinare un equilibrio idrico sano e promuovere la salute della pianta.

9. Strumenti per Misurare l'Umidità

Per assicurarsi che la vostra Dionaea Muscipula riceva la giusta quantità di acqua, è utile utilizzare strumenti per misurare l'umidità del terreno. Ecco alcuni strumenti comuni che potete utilizzare:

1. Igrometro: Un igrometro è uno strumento specificamente progettato per misurare l'umidità del terreno. Esistono diversi tipi di igrometri, ma la maggior parte funziona inserendo una sonda nel terreno e visualizzando i dati su un display digitale. Alcuni modelli possono essere collegati a un'applicazione mobile per monitorare l'umidità del terreno da remoto.

2. Barra di umidità: Una barra di umidità è un altro strumento utile per monitorare l'umidità del terreno. Questo strumento è costituito da una serie di barre di diversa lunghezza che vengono infilate nel terreno. La lunghezza delle barre che rimangono asciutte indica il livello di umidità del terreno.

3. Sensore di umidità del suolo: I sensori di umidità del suolo sono dispositivi che misurano l'umidità del terreno e forniscono dati in tempo reale. Questi sensori possono essere collegati a sistemi di monitoraggio automatico che regolano l'irrigazione in base alle esigenze della pianta.

Indipendentemente dal tipo di strumento che scegliete, assicuratevi di utilizzarlo regolarmente per monitorare l'umidità del terreno e adattare di conseguenza le vostre pratiche di irrigazione per mantenere la vostra Dionaea Muscipula in salute.

10. Correzione dei Problemi di Irrigazione

La corretta gestione dell'irrigazione è essenziale per mantenere la vostra Dionaea Muscipula in buona salute. Tuttavia, possono verificarsi alcuni problemi legati all'irrigazione che è importante riconoscere e correggere tempestivamente.

1. Eccesso di acqua: Se il terreno è costantemente troppo umido, la vostra pianta potrebbe soffrire di marciume radicale o altre malattie fungine. Per risolvere questo problema, riducete la frequenza e la quantità di acqua fornita alla pianta e assicuratevi che il terreno si asciughi tra un'irrigazione e l'altra. Inoltre, assicuratevi che il vaso abbia un buon drenaggio per evitare ristagni d'acqua.

2. Carenza d'acqua: Se notate che le foglie della vostra Dionaea Muscipula diventano appassite o presentano segni di disseccamento, potrebbe essere segno di carenza d'acqua. In questo caso, aumentate leggermente la frequenza di irrigazione, ma assicuratevi di non esagerare per evitare il rischio di marciume radicale. Controllate anche che il terreno non si stia asciugando eccessivamente.

3. Distribuzione non uniforme dell'acqua: Talvolta, l'acqua può non distribuirsi uniformemente nel terreno, lasciando alcune parti più asciutte di altre. Per risolvere questo problema, potete irrigare la pianta più lentamente e in modo più uniforme, assicurandovi che il terreno assorba l'acqua in modo equo.

4. Surriscaldamento del terreno: In ambienti particolarmente caldi, il terreno può surriscaldarsi, causando un aumento dell'evaporazione e una maggiore necessità d'acqua per la pianta. In questo caso, potrebbe essere necessario irrigare più frequentemente o proteggere il vaso dalla luce solare diretta per evitare il surriscaldamento del terreno.

Riconoscere e correggere prontamente i problemi legati all'irrigazione è fondamentale per garantire la salute e il benessere della vostra Dionaea Muscipula.

VII. Nutrizione e Alimentazione

1. Bisogni Nutrizionali della Dionaea Muscipula

La Dionaea Muscipula è una pianta carnivora che ottiene la maggior parte dei nutrienti di cui ha bisogno catturando insetti attraverso le sue trappole. Tuttavia, nonostante la sua dieta principalmente carnivora, ci sono alcuni nutrienti essenziali che la pianta deve assorbire dal terreno per garantire una crescita sana e vigorosa.

Azoto (N): L'azoto è un nutriente fondamentale per la crescita delle piante, essendo un componente chiave delle proteine e di altri composti vitali. Sebbene la Dionaea Muscipula ottenga azoto principalmente dagli insetti che cattura, può beneficiare di piccole quantità di azoto disciolto nel terreno. Tuttavia, è importante non fornire eccessive quantità di azoto sotto forma di fertilizzanti, poiché potrebbe danneggiare le radici sensibili della pianta.

Fosforo (P): Il fosforo è essenziale per la fotosintesi, la formazione dei nucleotidi e molti altri processi vitali all'interno della pianta. Anche se la Dionaea Muscipula può ottenere fosforo dagli insetti, piccole quantità di questo nutriente nel terreno possono favorire una crescita più vigorosa, specialmente durante le fasi di sviluppo iniziale.

Potassio (K): Il potassio è coinvolto in molti processi metabolici e aiuta le piante a resistere allo stress ambientale. Sebbene la Dionaea Muscipula possa ottenere potassio dagli insetti, un adeguato apporto di questo nutriente nel terreno può migliorare la resistenza della pianta alle malattie e alle condizioni avverse.

Micronutrienti: Oltre agli elementi principali, la Dionaea Muscipula ha bisogno di piccole quantità di micronutrienti come ferro, zinco, manganese e molibdeno per mantenere una crescita sana. Anche se spesso presenti nel terreno in quantità sufficienti, possono diventare limitanti in condizioni particolarmente acide o alcaline.

Fornire una corretta nutrizione alla Dionaea Muscipula è essenziale per garantire una crescita ottimale e una salute robusta della pianta.

2. Fertilizzanti: Quando e Come Usarli

I fertilizzanti possono essere utili per fornire alla Dionaea Muscipula i nutrienti di cui potrebbe avere bisogno in caso di carenze nel terreno o durante periodi di crescita intensa. Tuttavia, è fondamentale usare i fertilizzanti con cautela, poiché un eccesso di nutrienti può danneggiare gravemente questa pianta sensibile.

Quando Applicare i Fertilizzanti: Si consiglia di applicare i fertilizzanti solo quando necessario e durante il periodo di crescita attiva della pianta, che di solito va dalla primavera all'autunno. Evita di fertilizzare durante i mesi invernali quando la Dionaea Muscipula entra in uno stato di dormienza.

Tipo di Fertilizzante: Per la Dionaea Muscipula, è preferibile utilizzare un fertilizzante a bassa concentrazione di nutrienti, specificamente formulato per piante carnivore o piante acidofile. Evita i fertilizzanti a rilascio lento o quelli ad alto contenuto di azoto, che potrebbero danneggiare le radici delicate della pianta.

Come Applicare i Fertilizzanti: Diluisci il fertilizzante in acqua secondo le indicazioni riportate sull'etichetta del prodotto. Utilizza una soluzione molto diluita, generalmente intorno al 25% della concentrazione raccomandata per altre piante. Applica la soluzione di fertilizzante con un contagocce o una siringa direttamente sul terreno intorno alla pianta, evitando accuratamente di far entrare in contatto il fertilizzante con le foglie o le trappole.

Frequenza di Applicazione: In genere, è sufficiente fertilizzare la Dionaea Muscipula una volta al mese durante il periodo di crescita attiva. Monitora attentamente la pianta per eventuali segni di carenze o eccessi di nutrienti e regola di conseguenza la frequenza e la concentrazione dell'applicazione dei fertilizzanti.

Utilizza i fertilizzanti con parsimonia e cautela, tenendo sempre presente che la Dionaea Muscipula è una pianta carnivora con esigenze nutrizionali specifiche e sensibili.

3. Alimentazione Naturale: Insetti e Prede

La Dionaea Muscipula è un carnivoro attivo e si nutre principalmente di insetti vivi catturati nelle sue trappole. Questa dieta è essenziale per il suo sviluppo e la sua sopravvivenza, poiché fornisce alla pianta i nutrienti di cui ha bisogno per crescere sana e vigorosa.

Cattura delle Prede: Le trappole della Dionaea Muscipula sono progettate per reagire al contatto con gli insetti. Quando un insetto si posa sulle delicate setole all'interno della trappola e stimola i peli sensibili, la pianta si chiude rapidamente, intrappolando la preda all'interno.

Digestione: Una volta che la trappola si è chiusa, la Dionaea Muscipula secerne enzimi digestivi per decomporre l'insetto catturato. Questi enzimi scompongono i tessuti dell'insetto in nutrienti utilizzabili dalla pianta.

Importanza dell'Alimentazione Naturale: Sebbene sia possibile fornire alimenti artificiali alla pianta, come pezzi di carne o insetti morti, l'alimentazione naturale è preferibile perché fornisce alla Dionaea Muscipula una gamma completa di nutrienti essenziali e facilita il processo di digestione.

Integrazione con l'Alimentazione Naturale: Anche se la Dionaea Muscipula si nutre principalmente di insetti catturati, è possibile che la pianta non catturi abbastanza prede per soddisfare completamente le sue esigenze nutrizionali, specialmente in un ambiente indoor. In questi casi, è possibile integrare l'alimentazione naturale fornendo alla pianta occasionalmente insetti vivi come mosche o piccoli ragni.

Assicurati di rispettare le leggi locali e considerare l'etica nell'alimentare la tua pianta con insetti vivi. L'alimentazione naturale contribuisce in modo significativo alla salute e alla vitalità della Dionaea Muscipula, consentendole di prosperare nel tuo ambiente domestico.

4. Come Nutrire la Pianta

Nutrire correttamente la Dionaea Muscipula è essenziale per garantire la sua salute e il suo benessere. Ecco alcuni passaggi pratici su come fornire i nutrienti di cui ha bisogno:

1. Alimentazione Naturale: Prima di tutto, assicurati che la pianta abbia accesso a una dieta naturale di insetti vivi. Posiziona la Dionaea Muscipula in un luogo dove possa catturare facilmente prede come mosche, formiche o ragni. Monitora regolarmente le trappole per assicurarti che la pianta stia ricevendo abbastanza nutrimento.

2. Integrazione con Alimentazione Artificiale: Se la tua pianta non riesce a catturare abbastanza insetti o se desideri fornire un'ulteriore fonte di nutrimento, puoi integrare la sua dieta con alimenti artificiali. Tuttavia, fai attenzione a non sovralimentare la pianta o a fornire alimenti non adatti. Puoi utilizzare insetti surgelati o liofilizzati, disponibili nei negozi di animali, o preparare una soluzione di nutrimento diluendo il fertilizzante appropriato in acqua.

3. Fertilizzante Diluito: Se decidi di utilizzare un fertilizzante per integrare l'alimentazione della Dionaea Muscipula, assicurati di diluirlo accuratamente seguendo le istruzioni del produttore. Utilizza una soluzione molto diluita, poiché una concentrazione troppo elevata potrebbe danneggiare le radici sensibili della pianta.

4. Applicazione Cauta: Applica il fertilizzante o l'alimento artificiale con molta cautela. Evita di mettere il fertilizzante direttamente sulle foglie o nelle trappole della pianta, poiché potrebbe causare bruciature o danni. Piuttosto, aggiungi delicatamente la soluzione di nutrimento al terreno intorno alle radici.

Nutrire la Dionaea Muscipula richiede un equilibrio delicato e una comprensione delle sue esigenze specifiche. Monitora attentamente la pianta per assicurarti che stia rispondendo positivamente all'alimentazione e apporta eventuali regolazioni necessarie.

5. Frequenza dell'Alimentazione

La frequenza dell'alimentazione della Dionaea Muscipula dipende da diversi fattori, tra cui l'età della pianta, le condizioni ambientali e la disponibilità di prede. Ecco alcune linee guida generali sulla frequenza con cui puoi nutrire la tua pianta carnivora:

1. **Insetti Viventi:** Se la pianta ha accesso a insetti vivi nel suo ambiente, come mosche o formiche, potrebbe non essere necessario alimentarla artificialmente. Monitora la frequenza con cui la pianta cattura insetti da sola e valuta se è necessario integrare la sua dieta con alimenti artificiali.

2. **Insetti Artificiali:** Se decidi di integrare l'alimentazione della Dionaea Muscipula con insetti artificiali o fertilizzanti, considera di nutrirla una volta al mese durante la stagione di crescita attiva, che di solito va dalla primavera all'estate. Durante i mesi più freddi, quando la pianta è in stato di dormienza, potrebbe non essere necessario nutrirla affatto.

3. **Monitoraggio Costante:** Osserva attentamente la tua pianta e rispondi alle sue esigenze individuali. Se noti segni di affaticamento, come foglie gialle o dimensioni ridotte delle trappole, potrebbe essere necessario aumentare la frequenza dell'alimentazione. Al contrario, se la pianta sembra prosperare senza alimenti supplementari, potresti ridurre la frequenza o interromperla del tutto.

4. Equilibrio e Moderazione: Ricorda che è importante mantenere un equilibrio nell'alimentazione della Dionaea Muscipula. Nutrirla troppo frequentemente o con eccessiva quantità di fertilizzanti può causare danni alle radici e compromettere la salute complessiva della pianta. Pratica la moderazione e ascolta attentamente le risposte della tua pianta ai suoi pasti.

Adattati alle esigenze specifiche della tua Dionaea Muscipula e osserva attentamente come reagisce all'alimentazione. Con il tempo, svilupperai un senso intuitivo per ciò di cui ha bisogno e sarai in grado di fornirle una nutrizione ottimale.

6. Tipi di Insetti Adatti

Quando si tratta di nutrire la Dionaea Muscipula, è importante scegliere gli insetti giusti che forniscano una fonte nutrizionale equilibrata e sicura per la pianta. Ecco alcuni esempi di insetti adatti che puoi utilizzare per alimentare la tua pianta carnivora:

1. Moscerini della Frutta: Questi piccoli insetti volanti sono un'alimentazione preferita per la Dionaea Muscipula. Sono abbondanti e possono essere facilmente reperiti, rendendoli una scelta conveniente e nutriente per la tua pianta.

2. Mosche della Casa: Le mosche della casa, come le Drosophila melanogaster, sono un'altra opzione popolare. Sono abbastanza grandi da attivare efficacemente le trappole della pianta e forniscono un pasto sostanzioso per la Dionaea Muscipula.

3. Formiche: Anche se più difficili da catturare rispetto agli insetti volanti, le formiche possono essere un'alimentazione nutriente per la tua pianta carnivora. Assicurati di rimuovere eventuali ali o parti non commestibili prima di nutrire la pianta.

4. Piccoli Ragni: Sebbene meno comuni come alimento, i piccoli ragni possono essere occasionalmente catturati dalle trappole della Dionaea Muscipula. Tuttavia, assicurati che siano abbastanza piccoli da essere catturati facilmente e che non danneggino la pianta.

5. Insetti Congelati: Se non hai accesso a insetti vivi, puoi optare per insetti congelati disponibili nei negozi di animali. Tuttavia, assicurati che siano adatti per la Dionaea Muscipula e scongelali completamente prima di nutrire la pianta.

Scegliere una varietà di insetti può fornire alla tua Dionaea Muscipula una dieta bilanciata e stimolare le sue trappole a funzionare in modo ottimale. Esperimenta con diversi tipi di insetti e osserva come la tua pianta reagisce per determinare quali sono i preferiti.

7. Problemi Legati alla Sovralimentazione

Anche se può sembrare controintuitivo, sovralimentare la Dionaea Muscipula può causare problemi alla pianta carnivora. È importante capire i rischi associati alla sovralimentazione e adottare le misure necessarie per evitare tali situazioni.

1. Decomposizione degli Insetti: Quando una Dionaea Muscipula viene sovralimentata, gli insetti non consumati all'interno delle trappole possono iniziare a decomporre. Questo processo di decomposizione può provocare la formazione di muffe e batteri nocivi, compromettendo la salute generale della pianta e aumentando il rischio di malattie.

2. Trappole Inattive: La sovralimentazione può anche portare alla saturazione delle trappole della pianta. Quando le trappole sono piene di insetti non consumati, diventano meno efficaci nel catturare nuove prede. Questo può ridurre la capacità della Dionaea Muscipula di ottenere nutrienti essenziali e indebolire la sua capacità di sopravvivenza.

3. Marciume delle Radici: Un'altra conseguenza della sovralimentazione è il potenziale rischio di marciume delle radici. Gli insetti non consumati possono decomporre nel substrato del terreno, creando un ambiente favorevole alla proliferazione di funghi e batteri che danneggiano le radici della pianta.

Per evitare questi problemi, è importante seguire una pratica di alimentazione moderata e monitorare attentamente la reazione della Dionaea Muscipula agli insetti forniti. Se noti segni di sovralimentazione o se le trappole sembrano piene, interrompi temporaneamente l'alimentazione e consenti alla pianta di elaborare gli insetti esistenti prima di fornirne altri.

8. Monitoraggio della Nutrizione

Il monitoraggio della nutrizione è una componente cruciale per garantire la salute e la vitalità della Dionaea Muscipula. Sebbene queste piante siano note per la loro capacità di catturare insetti e ottenere nutrienti aggiuntivi, è essenziale monitorare attentamente il loro ambiente per assicurarsi che ricevano tutto ciò di cui hanno bisogno. Di seguito, vengono illustrate alcune tecniche e suggerimenti pratici per il monitoraggio della nutrizione della vostra pianta carnivora.

1. Controllo dei Livelli di Nutrienti

Per garantire che la Dionaea Muscipula riceva i nutrienti necessari, è utile controllare periodicamente i livelli di nutrienti nel substrato. Utilizzate un kit di test per suolo per misurare i livelli di azoto, fosforo e potassio. Questi kit sono disponibili nei negozi di giardinaggio e online. Assicuratevi che i livelli di nutrienti siano bilanciati e adeguati per piante carnivore, evitando eccessi che potrebbero risultare dannosi.

2. Osservazione delle Foglie

Le foglie della Dionaea Muscipula possono fornire indicazioni preziose sullo stato nutrizionale della pianta. Foglie verdi e sane indicano una buona nutrizione, mentre foglie gialle, marroni o appassite possono segnalare carenze nutrizionali o altri problemi. Prestate attenzione ai segni di stress sulle foglie e agite tempestivamente per correggere eventuali squilibri.

3. Monitoraggio dell'Acqua

L'acqua utilizzata per la Dionaea Muscipula deve essere pura e priva di minerali che possono accumularsi nel substrato e causare danni. Utilizzate acqua distillata, demineralizzata o piovana. Evitate l'acqua del rubinetto, che può contenere cloro e altri additivi nocivi. Monitorate il livello di umidità del substrato per assicurarvi che sia sempre umido ma non inzuppato, prevenendo il marciume radicale.

4. Controllo delle Trappole

Le trappole della Dionaea Muscipula devono essere monitorate per assicurarsi che catturino sufficienti prede. Se le trappole non riescono a catturare insetti, potrebbe essere necessario integrare la dieta della pianta con cibo vivo come mosche o piccoli grilli. Offrite occasionalmente prede vive, ma non sovralimentate la pianta per evitare lo stress e il rischio di decomposizione delle trappole.

5. Utilizzo di Fertilizzanti

In generale, è consigliabile evitare l'uso di fertilizzanti per le piante carnivore, poiché possono causare danni alle radici e al fogliame. Tuttavia, in casi di carenze nutrizionali gravi, si può considerare l'uso di fertilizzanti specifici per piante carnivore, diluiti in acqua e somministrati con parsimonia. Consultate un esperto prima di applicare qualsiasi fertilizzante.

6. Registrazione dei Dati

Tenete un diario di coltivazione per registrare i dati relativi alla nutrizione della pianta. Annotate le osservazioni settimanali o mensili, includendo informazioni su condizioni delle foglie, quantità e tipo di prede catturate, qualità dell'acqua utilizzata e qualsiasi fertilizzante applicato. Questo vi aiuterà a individuare eventuali problemi e a fare aggiustamenti tempestivi.

7. Consultazione di Esperti

Non esitate a consultare esperti o risorse online se riscontrate problemi nutrizionali difficili da risolvere. Forum di appassionati di piante carnivore, associazioni di giardinaggio e guide specializzate possono offrire preziosi consigli e soluzioni per mantenere la vostra Dionaea Muscipula in perfetta salute.

Monitorare la nutrizione della vostra Dionaea Muscipula richiede attenzione e cura, ma i risultati saranno piante più sane e vigorose, capaci di crescere e prosperare nel vostro appartamento.

9. Alternative alla Nutrizione Naturale

Se per qualche motivo non desideri o non puoi fornire insetti vivi alla tua Dionaea Muscipula, ci sono diverse alternative che puoi considerare per garantire la sua nutrizione adeguata.

1. Fertilizzanti per Piante Carnivore: Sul mercato esistono fertilizzanti specifici progettati appositamente per le piante carnivore, compresa la Dionaea Muscipula. Questi fertilizzanti forniscono nutrienti essenziali come azoto, fosforo e potassio, nonché micronutrienti necessari per la crescita sana della pianta. Assicurati di seguire attentamente le istruzioni sulla confezione per evitare sovra-alimentazioni.

2. Nutrizione tramite Trappole Attive: Se la tua pianta riesce a catturare alcuni insetti, ma non abbastanza per soddisfare completamente i suoi bisogni nutritivi, puoi integrare la sua dieta con insetti congelati o liofilizzati. Questi possono essere posizionati all'interno delle trappole della Dionaea Muscipula e saranno consumati quando la pianta si attiverà per catturare prede.

3. Fertilizzazione Fogliare: Puoi anche applicare fertilizzanti diluiti direttamente sulle foglie della Dionaea Muscipula utilizzando uno spruzzatore. Assicurati di utilizzare una soluzione molto diluita per evitare bruciature delle foglie e altri danni alla pianta. Questo metodo fornisce nutrienti direttamente alle foglie, consentendo alla pianta di assorbirli attraverso la superficie fogliare.

4. Alimentazione con Siero di Latte: Alcuni coltivatori usano anche il siero di latte diluito come fonte alternativa di nutrienti per le loro piante carnivore. Il siero di latte contiene una varietà di sostanze nutritive utili, come il calcio, il magnesio e le proteine, che possono essere assorbite dalla pianta attraverso il substrato.

Scegli l'opzione che meglio si adatta alle tue esigenze e alle risorse disponibili, assicurandoti sempre di monitorare attentamente la salute e la risposta della tua Dionaea Muscipula alle diverse forme di nutrizione alternative.

10. Sintomi di Malnutrizione

La malnutrizione nella Dionaea Muscipula può manifestarsi in diversi modi, e riconoscere questi segnali precoci è essenziale per intervenire tempestivamente e correggere eventuali carenze nutritive. Ecco alcuni sintomi comuni da tenere d'occhio:

1. Decadimento delle Foglie: Le foglie della Dionaea Muscipula potrebbero iniziare a ingiallire o ad appassire in modo anomalo. Questo potrebbe indicare una carenza di nutrienti essenziali come azoto, fosforo o potassio.

2. Crescita Ridotta: Se noti che la crescita della tua pianta è rallentata o che le nuove foglie sono più piccole del solito, potrebbe essere un segnale di carenza nutrizionale. Le piante carnivore hanno bisogno di una quantità adeguata di nutrienti per crescere vigorosamente e produrre trappole robuste.

3. Sporcizia sulle Trappole: Le trappole della Dionaea Muscipula potrebbero accumulare sporcizia o detriti anziché mostrare una superficie pulita e appiccicosa. Questo potrebbe indicare una mancanza di nutrienti, poiché la pianta potrebbe non essere in grado di produrre sufficiente muco per mantenere le sue trappole efficienti.

4. Trappole che Non Si Chiudono Correttamente: Le trappole che non si chiudono completamente o che si aprono troppo lentamente potrebbero indicare una carenza di energia nella pianta. Le trappole della Dionaea Muscipula dipendono da un adeguato apporto di nutrienti per funzionare correttamente e catturare le prede.

Se noti uno qualsiasi di questi sintomi nella tua pianta, è importante agire prontamente per correggere la situazione. Un'alimentazione adeguata e un'integrazione con fertilizzanti possono aiutare a ripristinare la salute della tua Dionaea Muscipula e garantirne la crescita ottimale.

VIII. Potatura e Manutenzione

1. Quando Potare la Dionaea Muscipula

La potatura della Dionaea Muscipula è una pratica importante per mantenere la salute e la vitalità della pianta. Tuttavia, poiché la Dionaea è una pianta carnivora delicata, è essenziale eseguire la potatura nel momento giusto e con le giuste tecniche. Ecco alcune linee guida da seguire per determinare il momento ottimale per potare la tua pianta:

1. Periodo di Riposo Invernale: Durante l'inverno, la Dionaea Muscipula entra in uno stato di dormienza in cui la crescita rallenta significativamente. Questo è il momento ideale per eseguire la potatura, poiché la pianta è meno attiva e le ferite di potatura guariscono più rapidamente.

2. Fine della Dormienza: Quando noti i primi segni di risveglio primaverile nella tua pianta, è il momento di considerare la potatura. Questo è di solito indicato dalla comparsa di nuove gemme o dalla crescita di nuove foglie. Potare in questo momento permette alla pianta di concentrare le sue energie sulla crescita delle nuove foglie e delle trappole.

3. Rimozione di Foglie Secche o Malate: Se noti foglie gialle, secche o malate sulla tua Dionaea Muscipula in qualsiasi momento dell'anno, è importante rimuoverle prontamente. Queste foglie non solo possono essere poco estetiche, ma possono anche attirare parassiti o fungine dannose alla pianta. Assicurati di utilizzare forbici o un coltello affilato e pulito per evitare danni alla pianta durante la potatura.

Potare la tua Dionaea Muscipula in modo corretto e al momento opportuno può promuovere una crescita sana e rigogliosa, garantendo che la pianta rimanga attraente e funzionale nel tempo.

2. Strumenti per la Potatura

Per eseguire una potatura efficace e sicura sulla tua Dionaea Muscipula, è importante utilizzare gli strumenti giusti. Ecco alcuni strumenti comuni che possono essere utili durante la potatura:

1. Forbici per Potatura: Le forbici per potatura sono uno strumento fondamentale per tagliare con precisione le foglie secche o malate della tua pianta. Assicurati di scegliere forbici di buona qualità con lame affilate che possano effettuare tagli netti e puliti, riducendo al minimo il rischio di danni alla pianta. Prima dell'uso, disinfetta le forbici immergendole in una soluzione di acqua e alcol per evitare la trasmissione di malattie da una pianta all'altra.

2. Coltelli a Lama Affilata: I coltelli possono essere utilizzati per tagliare con precisione foglie morte, ma anche per rimuovere delicatamente parte del rizoma o delle radici danneggiate. Assicurati che il coltello sia pulito e affilato per evitare strappi o lacrime che potrebbero danneggiare la pianta.

3. Pinze a Punta Fine: Le pinze a punta fine sono utili per rimuovere con precisione insetti morti o residui di cibo dalle trappole della Dionaea Muscipula senza danneggiare le sensibili setole delle trappole stesse. Assicurati di scegliere pinze con punte sottili e affilate per una maggiore precisione.

4. Guanti Protettivi: Anche se la Dionaea Muscipula non è dotata di spine o spine, potrebbe comunque essere utile indossare guanti protettivi durante la potatura per proteggere le mani da possibili irritazioni causate dal contatto con la linfa della pianta o da eventuali allergeni presenti nelle foglie o nei fiori.

Utilizzare gli strumenti giusti durante la potatura può garantire che il processo sia sicuro ed efficace, contribuendo alla salute generale della tua Dionaea Muscipula.

3. Tecniche di Potatura

La potatura della Dionaea Muscipula è un processo delicato che richiede precisione e attenzione per assicurare il benessere della pianta. Ecco alcune tecniche di potatura da tenere in considerazione:

1. Rimozione delle Foglie Mortali o Malate: Le foglie secche, marroni o malate devono essere rimosse regolarmente per promuovere la crescita di nuove foglie e prevenire la diffusione di malattie. Utilizza forbici pulite e affilate per tagliare le foglie alla base, assicurandoti di rimuovere completamente la porzione danneggiata senza danneggiare le parti sane della pianta.

2. Taglio dei Fusti Fiorali: Quando la Dionaea Muscipula produce fusti fiorali, è consigliabile tagliarli non appena iniziano a formarsi per indirizzare l'energia della pianta verso la crescita delle foglie e delle trappole. Utilizza forbici pulite per tagliare delicatamente i fusti alla base, evitando di danneggiare le foglie circostanti.

3. Riduzione dei Fusti Fiorali Selezionati: Se desideri consentire alla tua Dionaea Muscipula di fiorire, puoi selezionare alcuni fusti fiorali da lasciare intatti mentre tagli gli altri. In questo modo, la pianta può ancora produrre fiori senza esaurire eccessivamente le sue risorse.

4. Pulizia delle Trappole delle Foglie: Oltre alla potatura delle foglie e dei fusti, è importante mantenere pulite le trappole delle foglie per garantire che rimangano efficienti nella cattura degli insetti. Utilizza pinze a punta fine per rimuovere con cura eventuali residui di insetti o detriti dalle trappole senza danneggiarle.

Seguendo queste tecniche di potatura, sarai in grado di mantenere la tua Dionaea Muscipula sana e vigorosa nel tempo.

4. Rimozione delle Foglie Morte

La rimozione delle foglie morte è una pratica importante per garantire la salute e il benessere della tua Dionaea Muscipula. Le foglie morte possono diventare un terreno fertile per muffe e malattie, compromettendo la salute generale della pianta. Ecco come puoi effettuare la rimozione in modo sicuro ed efficace:

1. Ispezione Regolare: Controlla regolarmente la tua pianta per individuare eventuali segni di foglie morte o morenti. Le foglie morte spesso diventano marroni o nerastre e possono appassire o ammorbidirsi.

2. Utilizzo di Forbici Pulite: Assicurati di utilizzare forbici pulite e affilate per rimuovere le foglie morte. Questo ridurrà il rischio di trasferire malattie o infestazioni da una pianta all'altra.

3. Taglio Pulito: Taglia delicatamente la foglia morta alla base, vicino al punto in cui si collega al rizoma della pianta. Assicurati di non danneggiare le foglie o i tessuti circostanti durante il processo.

4. Eliminazione Sicura: Dopo aver rimosso le foglie morte, elimina i resti in modo sicuro. Puoi compostare le foglie morte se sei sicuro che non siano infette da malattie. Altrimenti, smaltiscile insieme ai rifiuti organici.

5. Monitoraggio Post-Rimozione: Dopo aver rimosso le foglie morte, monitora attentamente la tua pianta per assicurarti che non ci siano segni di ulteriori problemi. Mantieni un occhio sulla crescita delle nuove foglie per valutare la salute generale della pianta.

Effettuare una corretta rimozione delle foglie morte contribuirà a mantenere la tua Dionaea Muscipula libera da malattie e in ottima forma.

5. Stimolare la Nuova Crescita

Stimolare la nuova crescita è fondamentale per mantenere la vitalità e la vigoria della tua Dionaea Muscipula. Ecco alcuni metodi pratici per incoraggiare la pianta a produrre nuova vegetazione in modo sano e robusto:

1. Fornire Condizioni Ottimali: Assicurati che la tua pianta sia ben posizionata in un luogo che riceve la giusta quantità di luce solare e umidità. Condizioni ambientali ottimali stimolano naturalmente la crescita.

2. Nutrizione Adeguata: Una corretta alimentazione è essenziale per favorire la crescita. Utilizza un fertilizzante bilanciato specifico per piante carnivore diluito nell'acqua d'irrigazione, seguendo attentamente le istruzioni sulla confezione.

3. Potatura Selettiva: Rimuovi le foglie vecchie o danneggiate per consentire alla pianta di concentrare le sue energie sulla produzione di nuove foglie e trappole. Assicurati di utilizzare strumenti puliti e affilati per evitare danni.

4. Innaffiatura Adeguata: Mantieni il terreno costantemente umido, ma non troppo bagnato. L'irrigazione regolare favorisce la crescita delle radici e fornisce alle foglie giovani l'umidità di cui hanno bisogno per svilupparsi in modo sano.

5. Monitoraggio Costante: Controlla regolarmente la tua pianta per individuare segni di nuova crescita, come gemme o foglioline emergenti. Assicurati che non ci siano ostacoli al loro sviluppo e intervieni se necessario.

Stimolare la nuova crescita richiede pazienza e dedizione, ma i risultati saranno gratificanti, mostrando una Dionaea Muscipula vigorosa e rigogliosa.

6. Manutenzione Regolare

La manutenzione regolare è cruciale per garantire la salute e il benessere della tua Dionaea Muscipula nel lungo periodo. Ecco alcuni passaggi da seguire per mantenere la tua pianta in condizioni ottimali:

1. Pulizia delle Trappole: Controlla regolarmente le trappole della tua pianta per assicurarti che siano libere da detriti, insetti morti o residui. Utilizza pinzette o un bastoncino per rimuovere delicatamente qualsiasi materiale estraneo che potrebbe ostacolare il corretto funzionamento delle trappole.

2. Monitoraggio delle Malattie: Osserva attentamente la tua pianta per individuare eventuali segni di malattie o infezioni, come macchie sulle foglie o muffe. Se noti sintomi sospetti, agisci prontamente per trattare la condizione e prevenire la diffusione alle altre piante.

3. Controllo dei Parassiti: Ispeziona regolarmente la Dionaea Muscipula alla ricerca di parassiti come acari o afidi. In caso di infestazione, puoi utilizzare rimedi naturali come l'olio di neem o l'acqua saponata per eliminare i parassiti in modo sicuro ed efficace.

4. Irrigazione Consapevole: Mantieni un regime di irrigazione costante, evitando sia l'essiccazione eccessiva del terreno che l'accumulo di acqua stagnante intorno alle radici. Trova un equilibrio che mantenga il terreno umido ma non saturo, adattandoti alle esigenze specifiche della tua pianta e all'ambiente circostante.

5. Controllo delle Infestanti: Rimuovi regolarmente eventuali erbacce o piante indesiderate che potrebbero competere con la tua Dionaea Muscipula per risorse come luce solare, acqua e nutrienti. Mantenere il substrato libero da infestanti favorisce la salute e la crescita della pianta.

Una manutenzione regolare assicura che la tua Dionaea Muscipula rimanga forte, vigorosa e resistente nel tempo, consentendole di esprimere pienamente il suo potenziale carnivoro.

7. Trattamento delle Ferite

Durante il processo di potatura, è possibile che la tua Dionaea Muscipula subisca delle ferite. Ecco alcuni consigli su come trattare adeguatamente le ferite per favorire una pronta guarigione:

1. Pulizia delle Ferite: Dopo la potatura, assicurati di pulire accuratamente le ferite sulla pianta. Utilizza un disinfettante delicato o una soluzione di acqua e sapone per detergere la zona colpita e rimuovere eventuali residui di linfa o tessuto danneggiato.

2. Applicazione di Antimicotici: Per prevenire infezioni fungine, puoi applicare uno strato sottile di antimicotico sulla ferita. Puoi utilizzare un prodotto commerciale specifico per piante carnivore o preparare una soluzione diluita di perossido di idrogeno.

3. Trattamento con Cannella in Polvere: La cannella in polvere è nota per le sue proprietà antifungine e può essere utilizzata per proteggere le ferite dalla contaminazione batterica. Spargi un po' di cannella in polvere sulla ferita per formare uno strato protettivo.

4. Monitoraggio Costante: Dopo il trattamento delle ferite, monitora attentamente la pianta per individuare eventuali segni di infezione o deterioramento. Se noti un peggioramento delle condizioni, agisci prontamente per intervenire e prevenire complicazioni.

5. Riposo e Guarigione: Durante il periodo di recupero, assicurati che la pianta riceva cure adeguate e un ambiente favorevole alla guarigione. Riduci al minimo lo stress sulla pianta e evita di disturbare le ferite trattate finché non si sono completamente rimarginate.

Trattare le ferite in modo tempestivo e adeguato è essenziale per garantire una pronta guarigione e prevenire complicazioni future.

8. Pulizia del Substrato

Mantenere il substrato pulito è fondamentale per la salute generale della tua Dionaea Muscipula. Ecco alcuni passaggi pratici per pulire il substrato in modo efficace:

1. Rimozione dei Residui Organici: Periodicamente, controlla il substrato per individuare eventuali residui organici, come foglie morte, insetti decomposti o altri detriti. Utilizza delle pinzette o un piccolo rastrello per rimuovere delicatamente questi detriti dalla superficie del terreno.

2. Aria Fresca e Luce Solare: Esponi il vaso al sole per alcuni minuti, preferibilmente al mattino, in modo che la luce solare e l'aria fresca possano aiutare a asciugare e aerare il substrato. Questo aiuterà a prevenire la formazione di muffe e batteri dannosi.

3. Trattamento Antimicotico: Se noti la presenza di muffe o funghi nel substrato, considera l'applicazione di un trattamento antimicotico. Puoi utilizzare prodotti specifici reperibili presso i negozi di giardinaggio o preparare una soluzione diluita di bicarbonato di sodio e acqua per spruzzare sul terreno.

4. Drenaggio Adeguato: Assicurati che il vaso abbia un buon sistema di drenaggio per evitare ristagni d'acqua nel substrato, che potrebbero favorire la crescita di muffe e batteri. Se noti accumuli d'acqua, rimuovili delicatamente con un aspirapolvere o una siringa.

5. Monitoraggio Costante: Controlla regolarmente il substrato per individuare eventuali segni di degradazione o deterioramento. Se noti odori sgradevoli, muffe o altri segni di deterioramento, agisci prontamente per risolvere il problema e ripristinare la salubrità del substrato.

Mantenere pulito il substrato garantirà un ambiente sano e favorevole alla crescita della tua Dionaea Muscipula, contribuendo a prevenire malattie e problemi di crescita.

9. Prevenzione delle Malattie

Nel mantenere la tua Dionaea Muscipula sana e vigorosa, la prevenzione delle malattie è fondamentale. Anche se queste piante carnivore sono abbastanza robuste, possono essere suscettibili a diverse malattie se non ricevono cure adeguate. Ecco alcuni preziosi consigli per prevenire malattie e mantenere la tua pianta al massimo della salute:

1. Pulizia e Igiene: La prima linea di difesa contro le malattie è mantenere pulito l'ambiente circostante. Rimuovi regolarmente foglie morte, detriti organici e residui di cibo intrappolati nelle trappole della pianta. Questo previene la decomposizione e la formazione di muffe che potrebbero danneggiare la tua Dionaea Muscipula.

2. Evita l'Umidità Eccessiva: Le condizioni di umidità eccessiva possono favorire lo sviluppo di muffe e funghi dannosi per la pianta. Assicurati che il terreno sia ben drenato e evita di innaffiare eccessivamente la pianta. L'acqua stagnante attorno alle radici può portare al marciume radicale, compromettendo la salute generale della pianta.

3. Isolamento delle Piante Malate: Se noti segni di malattia su una delle tue Dionaea Muscipula, come macchie anomale sulle foglie o un'insolita decolorazione, isolala immediatamente dalle altre piante. Questo impedisce la diffusione della malattia ad altre piante sane.

4. Trattamenti Preventivi: Applica trattamenti preventivi come soluzioni antimicotiche o insetticidi naturali per proteggere la tua pianta da potenziali parassiti e patogeni. Questi trattamenti possono essere utili soprattutto in condizioni climatiche particolarmente umide o in ambienti con poca ventilazione.

5. Monitoraggio Costante: Osserva attentamente la tua Dionaea Muscipula per individuare tempestivamente segni di malattia o stress. Presta particolare attenzione a cambiamenti nel colore, nella forma o nella consistenza delle foglie, nonché a eventuali segni di infestazione da insetti.

Seguendo queste precauzioni e mantenendo una pratica costante di monitoraggio e cura, potrai prevenire efficacemente le malattie e mantenere la tua Dionaea Muscipula in condizioni ottimali di salute.

10. Checklist di Manutenzione

Per mantenere la tua Dionaea Muscipula in salute ottimale, è utile seguire una checklist di manutenzione regolare. Ecco alcuni punti importanti da tenere in considerazione:

1. Monitoraggio delle Condizioni Ambientali: Controlla regolarmente la temperatura e l'umidità dell'ambiente in cui si trova la tua pianta. Assicurati che siano all'interno dei range ottimali per la Dionaea Muscipula, che di solito sono tra i 18°C e i 24°C con un'umidità relativa del 50-60%.

2. Ispezione delle Foglie e delle Trappole: Esamina attentamente le foglie e le trappole della pianta per individuare eventuali segni di danni, malattie o parassiti. Rimuovi delicatamente qualsiasi detrito o insetto intrappolato per evitare problemi futuri.

3. Controllo dell'Irrigazione: Verifica regolarmente lo stato del substrato e dell'umidità del vaso. Assicurati di innaffiare la pianta solo quando il terreno risulta asciutto in superficie, evitando l'accumulo di acqua stagnante nel vaso.

4. Potatura e Rimozione delle Foglie Mortali: Se necessario, pota delicatamente le foglie morte o danneggiate per favorire la crescita di nuove foglie sane. Usa forbici pulite e affilate per evitare ferite aggiuntive alla pianta.

5. Nutrizione Adeguata: Assicurati che la tua Dionaea Muscipula riceva una dieta bilanciata di insetti o un integratore nutrizionale adeguato. Monitora attentamente il suo stato di salute e regola l'alimentazione di conseguenza.

6. Pulizia del Substrato e del Vaso: Controlla periodicamente il substrato e il vaso della pianta per eventuali accumuli di detriti o muffe. Rimuovi con cura qualsiasi materiale organico in decomposizione e sostituisci il substrato se necessario.

7. Trattamenti Preventivi: Applica trattamenti preventivi come soluzioni antimicotiche o insetticidi naturali secondo necessità, per proteggere la pianta da malattie e parassiti.

Seguire questa checklist di manutenzione ti aiuterà a garantire che la tua Dionaea Muscipula rimanga sana e prosperi nel tempo.

IX. Problemi Comuni e Soluzioni

1. Parassiti Comuni

Nel corso della coltivazione della Dionaea Muscipula in appartamento, è importante essere consapevoli dei parassiti comuni che possono infestare questa pianta carnivora. Tra i parassiti più frequenti che possono attaccare la Dionaea Muscipula ci sono:

1. Afidi (Aphidoidea): Gli afidi sono insetti piccoli, di solito di colore verde o nero, che succhiano la linfa dalle foglie e dalle trappole della pianta. Possono causare ingiallimento, avvizzimento e deformazione delle foglie, compromettendo la salute generale della pianta.

2. Acari (Acari): Gli acari sono parassiti microscopici che si nutrono del succo delle foglie e delle trappole della Dionaea Muscipula. Le loro infestazioni possono causare macchie marroni sulle foglie, avvizzimento e deformità.

3. Cocciniglie (Coccoidea): Le cocciniglie sono insetti che si fissano sulle foglie e sulle trappole della pianta, succhiando la linfa e creando una secrezione appiccicosa chiamata melata. Questa melata può attirare la crescita di muffe dannose e compromettere la capacità della pianta di catturare insetti.

4. Mosche della Frutta (Drosophila spp.): Le mosche della frutta sono insetti volanti che possono deporre le loro uova nelle trappole della Dionaea Muscipula. Le larve delle mosche della frutta possono danneggiare le trappole e causare marciume o muffa.

5. Muffe e Funghi (varie specie): Le muffe e i funghi possono svilupparsi sul substrato o sulle trappole della pianta, specialmente in condizioni di umidità eccessiva. Possono causare marciume delle radici, avvizzimento delle foglie e decomposizione del substrato.

Riconoscere i segni di infestazione da parte di questi parassiti è fondamentale per intervenire tempestivamente e proteggere la tua Dionaea Muscipula. Nel prossimo capitolo, esploreremo le strategie efficaci per il controllo e la prevenzione di queste infestazioni.

2. Malattie Fungine

Le malattie fungine rappresentano un'altra minaccia per la salute della Dionaea Muscipula. Queste patologie sono spesso causate da funghi patogeni che possono infettare le radici, le foglie e le trappole della pianta, compromettendone la crescita e la capacità di catturare insetti. Alcune delle malattie fungine più comuni che possono colpire la Dionaea Muscipula includono:

1. Muffa Radicale (Pythium spp., Phytophthora spp.):
Questa malattia colpisce le radici della pianta, causando marciume e avvizzimento. Si manifesta spesso in condizioni di eccessiva umidità del substrato e può essere particolarmente dannosa durante i periodi freddi e umidi.

2. Muffa delle Foglie (Botrytis spp., Alternaria spp.): La muffa delle foglie si presenta sotto forma di macchie scure o grigiastre sulle foglie della Dionaea Muscipula. Queste macchie possono espandersi e causare marciume delle foglie se non trattate tempestivamente.

3. Muffa Grigia (Botrytis cinerea): Questo fungo può attaccare le foglie e i fiori della pianta, causando un aspetto sbiadito e appassito. La muffa grigia si sviluppa soprattutto in condizioni di alta umidità e scarsa circolazione dell'aria.

4. Muffa Bianca (Sclerotinia spp.): Questo tipo di muffa si manifesta sotto forma di macchie bianche e lanuginose sulle foglie e sulle trappole della Dionaea Muscipula. Può provocare marciume delle parti colpite e compromettere la capacità della pianta di catturare insetti.

Per prevenire le malattie fungine, è importante mantenere un'adeguata circolazione dell'aria intorno alla pianta, evitare l'accumulo di acqua sulle foglie e sul substrato, e rimuovere prontamente le foglie e le trappole danneggiate.

3. Problemi di Crescita

I problemi di crescita possono influenzare negativamente lo sviluppo della Dionaea Muscipula e compromettere la sua salute complessiva. Questi problemi possono manifestarsi in varie forme e possono essere causati da diversi fattori ambientali o di cura. Alcuni dei problemi di crescita più comuni che possono verificarsi includono:

1. Crescita Lenta: Una crescita lenta può essere causata da una serie di fattori, tra cui condizioni ambientali non ottimali, carenze nutritive o danni alle radici. Se la pianta sembra stagnare nella crescita, è importante esaminare attentamente le condizioni ambientali e valutare se sono necessari aggiustamenti.

2. Foglie Gialle o Marroni: Le foglie che diventano gialle o marroni possono essere un segno di stress idrico, carenze nutritive o malattie fungine. È importante esaminare attentamente la pianta per identificare la causa sottostante e adottare le misure appropriate per correggerla.

3. Deformità delle Foglie: Le foglie della Dionaea Muscipula possono sviluppare deformità o anomalie nella forma, che possono essere causate da stress ambientale, danni da parassiti o malattie. Monitorare attentamente la crescita della pianta e intervenire prontamente per affrontare eventuali problemi.

4. Marciume delle Radici: Il marciume delle radici può verificarsi a causa di eccessiva irrigazione o condizioni di substrato troppo umido. Questo può compromettere la capacità della pianta di assorbire nutrienti e acqua, portando a una crescita indebolita o alla morte della pianta.

Per affrontare i problemi di crescita, è importante diagnosticare correttamente la causa sottostante e adottare le misure appropriate per risolverla. Ciò può includere regolazioni delle condizioni ambientali, correzione delle carenze nutritive, trattamento delle malattie o dei parassiti, e pratiche di potatura.

4. Foglie Gialle e Appassite

Le foglie gialle e appassite possono essere un segno di stress o problemi di salute nella Dionaea Muscipula. Questo problema può derivare da diverse cause e richiede un'attenta analisi per determinare la causa sottostante. Ecco alcune delle possibili ragioni per le foglie gialle e appassite:

1. Eccessiva esposizione al sole: Se la pianta è esposta a una quantità eccessiva di luce solare diretta, le foglie possono sviluppare scottature e diventare gialle o appassire. È importante fornire alla pianta un'adeguata protezione solare o spostarla in un'area con luce solare indiretta.

2. Irrigazione eccessiva o insufficiente: L'irrigazione eccessiva può causare il marciume delle radici, mentre l'irrigazione insufficiente può far appassire e ingiallire le foglie. È fondamentale mantenere un equilibrio nell'umidità del terreno e adottare una strategia di irrigazione appropriata.

3. Carenze nutritive: Una carenza di nutrienti essenziali come il ferro o il manganese può portare a foglie gialle o clorotiche. Integrare la fertilizzazione con un concime bilanciato può aiutare a correggere queste carenze e migliorare la salute complessiva della pianta.

4. Malattie fungine o batteriche: Alcune malattie fungine o batteriche possono causare il decadimento delle foglie, rendendole gialle e appassite. È importante monitorare attentamente la pianta per segni di malattia e adottare misure preventive o curative, come l'applicazione di fungicidi o il miglioramento delle condizioni di crescita.

Per gestire le foglie gialle e appassite, è essenziale identificare la causa sottostante e adottare le misure appropriate per correggerla. Monitorare attentamente la salute della pianta e intervenire prontamente per prevenire problemi più gravi. Continua a leggere per saperne di più su come mantenere la tua Dionaea Muscipula sana e robusta.

5. Problemi di Fiori

I fiori sulla Dionaea Muscipula sono rari, ma quando si presentano, possono essere un segno di buona salute della pianta. Tuttavia, possono anche verificarsi alcuni problemi legati ai fiori che richiedono attenzione e gestione adeguata.

1. Scarso sviluppo dei fiori: A volte, la pianta potrebbe produrre fiori che non si sviluppano completamente o che cadono prematuramente. Questo problema potrebbe essere causato da una mancanza di nutrienti essenziali o da condizioni ambientali non ottimali. Assicurarsi che la pianta riceva un'adeguata alimentazione e che sia collocata in un ambiente con luce solare sufficiente può favorire lo sviluppo sano dei fiori.

2. Caduta precoce dei fiori: I fiori possono cadere prima del completamento del ciclo di fioritura per vari motivi, tra cui stress ambientale, condizioni meteorologiche avverse o malattie. Monitorare attentamente la pianta e fornire le cure necessarie può aiutare a prevenire la caduta precoce dei fiori.

3. Fiori deformi o danneggiati: Alcune malattie o parassiti possono causare danni ai fiori, rendendoli deformi o compromettendone la salute. Ispezionare regolarmente la pianta per individuare segni di infestazione o malattia e intervenire prontamente con misure di controllo può contribuire a proteggere i fiori.

4. Assenza di fiori: In alcuni casi, la pianta potrebbe non produrre fiori affatto, anche se le condizioni di crescita sembrano essere ottimali. Questo problema potrebbe essere legato a fattori come l'età della pianta, le condizioni ambientali o la varietà specifica. In tal caso, è importante continuare a fornire alla pianta cure adeguate e avere pazienza, poiché potrebbero essere necessari più cicli di crescita prima che i fiori compaiano.

Risolvere i problemi legati ai fiori richiede un'attenta osservazione della pianta e la correzione delle condizioni ambientali o delle pratiche culturali che potrebbero influenzarne la salute. Mantenere la Dionaea Muscipula in un ambiente ottimale e adottare una cura attenta può aiutare a promuovere la produzione sana e robusta dei fiori.

6. Problemi di Radici

Le radici della Dionaea Muscipula svolgono un ruolo fondamentale nel mantenere la salute generale della pianta, assorbendo acqua e nutrienti dal terreno e fornendo stabilità strutturale. Tuttavia, possono sorgere alcuni problemi legati alle radici che richiedono attenzione e intervento tempestivo per garantire il benessere della pianta.

1. Marciume radicale: Il marciume radicale è un problema comune che può verificarsi quando le radici rimangono troppo a lungo in un terreno eccessivamente umido o in presenza di drenaggio inadeguato. Le radici colpite dal marciume diventano molli, scure e fragili. Per prevenire questo problema, assicurarsi che il terreno abbia un drenaggio adeguato e non lasciare mai la pianta in acqua stagnante.

2. Radici secche o morte: Le radici secche o morte possono essere causate da un'irrigazione eccessiva o insufficiente, da condizioni ambientali estreme o da malattie fungine. Le radici danneggiate possono compromettere la capacità della pianta di assorbire acqua e nutrienti, portando a sintomi di stress e declino della salute. Monitorare attentamente l'umidità del terreno e regolare l'irrigazione di conseguenza può aiutare a prevenire problemi legati alle radici.

3. Crescita eccessiva delle radici: In alcuni casi, le radici della Dionaea Muscipula possono crescere in modo eccessivo e diventare sovraffollate nel vaso. Questo può portare a problemi di circolazione dell'aria e a una diminuzione dell'assorbimento di acqua e nutrienti. Per gestire la crescita eccessiva delle radici, è consigliabile trapiantare periodicamente la pianta in un vaso più grande e rimuovere eventuali radici danneggiate o sovraffollate durante il processo.

4. Esposizione delle radici: Le radici esposte possono essere vulnerabili a danni fisici, essiccazione e infezioni fungine. Se le radici della pianta sono visibili sulla superficie del terreno, coprirle leggermente con del substrato può aiutare a proteggerle e mantenere un ambiente radicale sano.

Assicurarsi che le radici della Dionaea Muscipula siano in buona salute è essenziale per il benessere generale della pianta. Monitorare regolarmente le radici e adottare misure preventive e correttive può contribuire a prevenire problemi e mantenere la pianta forte e vigorosa.

7. Stress Ambientale

Lo stress ambientale può influire negativamente sulla salute della Dionaea Muscipula, compromettendo la sua capacità di crescere e prosperare. Questa pianta carnivora è adattata a determinate condizioni ambientali, e qualsiasi deviazione significativa da queste condizioni ottimali può causare stress e influenzare il suo benessere complessivo.

1. Temperature estreme: La Dionaea Muscipula prospera in condizioni di temperatura moderate, preferibilmente tra i 20°C e i 30°C durante il giorno e non inferiori ai 10°C durante la notte. Temperature eccessivamente alte o basse possono causare stress alla pianta. Durante le stagioni più calde, assicurarsi che la pianta sia protetta dai raggi diretti del sole per evitare surriscaldamenti. Durante i mesi più freddi, proteggere la pianta dal gelo e dalle temperature estreme.

2. Umidità insufficiente o eccessiva: Un'umidità ambientale inadeguata può influire negativamente sulla Dionaea Muscipula. L'aria troppo secca può causare secchezza delle foglie e delle radici, mentre un'umidità eccessiva può favorire lo sviluppo di malattie fungine e marciume radicale. Monitorare attentamente i livelli di umidità ambientale e regolare l'irrigazione e la ventilazione di conseguenza.

3. Esposizione al vento: Il vento forte può danneggiare le foglie delicate della Dionaea Muscipula, causando lacrime, strappi o piegature. Inoltre, il vento può provocare l'essiccazione eccessiva del terreno e delle radici. Posizionare la pianta in un'area riparata dal vento o utilizzare barriere protettive, come recinzioni o paraventi, per ridurre l'impatto del vento sulla pianta.

4. Inquinamento atmosferico: L'esposizione a inquinanti atmosferici come fumo, polveri sottili e gas nocivi può danneggiare le foglie della Dionaea Muscipula e compromettere la sua capacità fotosintetica. Posizionare la pianta in un'area con aria pulita e fresca, lontana da fonti di inquinamento, può contribuire a ridurre lo stress ambientale.

Gestire attentamente questi fattori ambientali può aiutare a ridurre lo stress sulla Dionaea Muscipula e a promuovere la sua salute generale.

8. Interventi Rapidi

Quando la Dionaea Muscipula mostra segni di stress ambientale o problemi di salute, è importante intervenire rapidamente per prevenire il peggioramento della situazione e per favorire il recupero della pianta. Ecco alcuni interventi rapidi che è possibile adottare per aiutare la pianta a superare eventuali difficoltà:

1. Ispezione visiva: Prima di intraprendere qualsiasi azione, esaminare attentamente la pianta per individuare eventuali segni di stress o problemi di salute. Questo può includere foglie gialle, macchie, muffe o danni alle radici.

2. Rimozione delle foglie danneggiate: Se si notano foglie gialle, secche o danneggiate, è consigliabile rimuoverle con cura utilizzando forbici pulite e affilate. Tagliare le foglie alla base, facendo attenzione a non danneggiare le parti sane della pianta.

3. Ripristino delle condizioni ambientali ottimali: Verificare e regolare le condizioni ambientali, come temperatura, umidità e esposizione alla luce, per assicurarsi che siano conformi alle esigenze della Dionaea Muscipula. Se necessario, spostare la pianta in un'area più adatta o regolare l'impianto di illuminazione e l'irrigazione.

4. Trattamenti curativi: Se la pianta mostra segni di malattie fungine o attacchi da parte di parassiti, è importante intervenire con trattamenti curativi specifici. Ciò può includere l'applicazione di fungicidi o insetticidi appropriati, seguendo attentamente le istruzioni sulla confezione e evitando sovraapplicazioni che potrebbero danneggiare ulteriormente la pianta.

5. Monitoraggio e follow-up: Dopo aver eseguito gli interventi necessari, monitorare attentamente la pianta per valutare l'efficacia delle misure adottate e per individuare eventuali segni di miglioramento o peggioramento della situazione. Se i problemi persistono o peggiorano nonostante gli interventi, potrebbe essere necessario consultare un esperto o un giardiniere specializzato per ulteriori consigli e assistenza.

Agire tempestivamente e con determinazione può fare la differenza nel garantire la salute e il benessere della Dionaea Muscipula.

9. Prevenzione delle Malattie

La prevenzione delle malattie è un aspetto cruciale nella cura della Dionaea Muscipula. Prevenire l'insorgenza di malattie è spesso più efficace e meno impegnativo rispetto alla loro cura una volta insorte. Ecco alcuni suggerimenti pratici per prevenire le malattie e mantenere la tua pianta in salute:

1. **Igiene delle mani e degli attrezzi:** Prima di manipolare la pianta o qualsiasi attrezzatura come forbici o vasi, assicurarsi che le mani e gli attrezzi siano puliti e disinfettati. Questo aiuta a prevenire la diffusione di batteri, funghi o virus dannosi.

2. **Adeguata ventilazione:** Assicurarsi che l'area in cui è collocata la pianta abbia una buona ventilazione. L'aria stagnante può favorire la proliferazione di malattie fungine. Se la ventilazione naturale non è sufficiente, è possibile utilizzare ventilatori per favorire la circolazione dell'aria.

3. **Evitare l'eccesso di irrigazione:** L'eccesso di acqua può favorire lo sviluppo di malattie radicolari come la marciume delle radici. Assicurarsi di non eccedere con l'irrigazione e lasciare che il substrato si asciughi leggermente tra un'irrigazione e l'altra.

4. **Drenaggio adeguato:** Utilizzare substrati ben drenati per evitare il ristagno d'acqua intorno alle radici. Un buon drenaggio previene il rischio di marciume radicale e altre malattie legate all'eccesso di umidità.

5. **Monitoraggio costante:** Prestare attenzione ai segni di malattie o stress nella pianta, come macchie sulle foglie, ingiallimento anomalo o muffe. Monitorare regolarmente lo stato di salute della Dionaea Muscipula consente di intervenire tempestivamente in caso di problemi.

6. **Rotazione delle piante:** Se si coltivano più piante, è consigliabile ruotarle periodicamente per garantire una crescita uniforme e prevenire l'accumulo di umidità o malattie in determinate zone.

7. **Evitare il sovraffollamento:** Troppi germogli o piante troppo vicine possono favorire la diffusione delle malattie attraverso il contatto. Assicurarsi che le piante siano ben distanziate e che vi sia spazio sufficiente per la circolazione dell'aria.

Adottando queste pratiche preventive, è possibile ridurre significativamente il rischio di malattie e mantenere la Dionaea Muscipula in salute nel lungo termine.

10. Risorse e Consulenze

Per i coltivatori alle prime armi o per coloro che desiderano approfondire ulteriormente le loro conoscenze sulla cura della Dionaea Muscipula, esistono numerose risorse e consulenze disponibili. Ecco alcuni suggerimenti per ottenere informazioni aggiuntive e assistenza:

1. **Siti Web e Forum Specializzati:** Esplora siti web e forum dedicati alla coltivazione delle piante carnivore, dove puoi trovare discussioni, guide dettagliate e consigli da parte di esperti e altri appassionati. Alcuni siti offrono anche sezioni di domande e risposte dove puoi porre direttamente le tue domande.

2. **Libri e Pubblicazioni Specializzate:** Cerca libri specifici sulla Dionaea Muscipula e sulle piante carnivore in generale. Questi libri offrono spesso una ricca fonte di informazioni, inclusi dettagli sui requisiti di cura, le tecniche di coltivazione e le strategie per risolvere i problemi comuni.

3. **Gruppi di Social Media:** Partecipa a gruppi dedicati alla coltivazione delle piante carnivore sui social media. Qui puoi condividere le tue esperienze, porre domande e ricevere consigli da altri coltivatori con interessi simili.

4. **Eventi e Incontri Locali:** Cerca eventi, fiere o incontri locali dedicati alla coltivazione delle piante carnivore nella tua zona. Partecipare a questi eventi ti permette di incontrare altri appassionati, scambiare conoscenze e ottenere consigli direttamente dagli esperti presenti.

5. **Consulenza da Esperti:** Se incontri problemi particolarmente complessi o persistenti con la tua Dionaea Muscipula, potresti considerare di consultare un esperto o un coltivatore esperto. Molte aziende specializzate nella vendita di piante carnivore offrono servizi di consulenza telefonica o via e-mail per rispondere alle tue domande e offrire assistenza personalizzata.

6. **Seminari e Workshop:** Partecipa a seminari o workshop sulla coltivazione delle piante carnivore, se disponibili nella tua area. Queste sessioni possono offrire un'esperienza pratica e interattiva per imparare le migliori pratiche di cura e risolvere i problemi specifici.

Ricorda sempre di verificare la reputazione delle risorse e delle consulenze che utilizzi e di confrontare le informazioni ottenute da più fonti per garantire la precisione e l'affidabilità delle informazioni.

X. Riproduzione e Propagazione

1. Tecniche di Propagazione

La Dionaea Muscipula è una pianta carnivora affascinante e unica, apprezzata non solo per la sua bellezza ma anche per la sua capacità di catturare insetti. Quando si tratta di moltiplicare questa pianta per espandere la propria collezione o condividerla con altri appassionati, è fondamentale comprendere le diverse tecniche di propagazione disponibili. Questo capitolo esplorerà in dettaglio le varie strategie che puoi utilizzare per propagare con successo la tua Dionaea Muscipula, offrendo informazioni dettagliate su ciascuna tecnica, comprese le istruzioni passo-passo, i migliori momenti per eseguirle e i suggerimenti pratici per massimizzare il successo.

1. **Divisione del Rizoma:** La divisione del rizoma è una delle tecniche più comuni e affidabili per moltiplicare la Dionaea Muscipula. Questo metodo sfrutta la naturale capacità della pianta di produrre nuovi rizomi, che possono essere separati dalla pianta madre e trapiantati autonomamente per creare nuove piante. Per eseguire questa procedura, è importante individuare un rizoma maturo e sano all'interno della pianta madre, quindi eseguire un taglio preciso per separare il segmento desiderato. Una volta trapiantata la sezione del rizoma in un substrato adatto, come torba e sabbia, è essenziale fornire le condizioni ottimali di luce, umidità e temperatura per favorire una rapida crescita e adattamento della nuova pianta.

2. **Propagazione per Talea:** Un'altra tecnica di propagazione efficace per la Dionaea Muscipula è la talea. Questo metodo coinvolge il taglio di una foglia sana e vigorosa dalla pianta madre e il successivo trapianto in un substrato appropriato per incoraggiare lo sviluppo delle radici. È importante selezionare una foglia giovane e priva di segni di danni o malattie, quindi eseguire un taglio pulito utilizzando un rasoio o un paio di forbici sterilizzate. Dopo aver trapiantato la talea in un substrato umido e ben drenato, è essenziale mantenere un'adeguata umidità ambientale e fornire una luce diffusa per favorire la crescita delle radici e la rigenerazione della nuova pianta.

3. **Propagazione per Semi:** La propagazione per semi è un metodo tradizionale e affascinante per aumentare la popolazione di Dionaea Muscipula. Questo metodo richiede pazienza e cura, poiché i semi della pianta devono essere seminati in un terreno adatto e mantenuti in condizioni ottimali per la germinazione. I semi possono essere raccolti dalle capsule che si formano dopo che i fiori della pianta sono stati impollinati. È essenziale utilizzare un substrato ben drenato e mantenere un'adeguata umidità del terreno durante il periodo di germinazione, che può richiedere diverse settimane o mesi. Una volta che le piantine emergono, è importante fornire loro le cure necessarie per favorire una crescita sana e robusta.

4. **Propagazione per Micropropagazione:** La micropropagazione è una tecnica avanzata che coinvolge la coltura di tessuti vegetali in condizioni controllate in vitro. Questo metodo offre numerosi vantaggi, tra cui la produzione di un gran numero di cloni identici della pianta madre in un breve periodo di tempo e la capacità di propagare piante che possono essere affette da malattie o altri problemi. Tuttavia, la micropropagazione richiede attrezzature specializzate e competenze tecniche avanzate, rendendola una scelta più adatta per coltivatori esperti o laboratori specializzati.

Esplorare una varietà di tecniche di propagazione ti consente di trovare quella più adatta alle tue esigenze e alle tue capacità, garantendo il successo nel moltiplicare la tua collezione di Dionaea Muscipula.

2. Propagazione per Semi

La propagazione per semi è un'affascinante avventura che consente di sperimentare il ciclo vitale completo della Dionaea Muscipula, dall'impollinazione dei fiori alla germinazione dei semi. Seguire attentamente questo processo può portare alla creazione di nuove piante uniche e alla comprensione più approfondita del ciclo di vita di questa affascinante pianta carnivora.

1. **Raccolta dei Semi:** La raccolta dei semi è il primo passo cruciale nella propagazione per semi. Quando i fiori della Dionaea Muscipula si sfioriscono, si formeranno piccole capsule che contengono i semi. È importante aspettare che queste capsule diventino marroni e secche prima di raccoglierle. Una volta mature, le capsule possono essere aperte delicatamente per rivelare i piccoli semi marroni all'interno. Assicurarsi di raccogliere i semi quando sono completamente maturi per massimizzare le possibilità di successo nella germinazione.

2. **Preparazione del Terreno:** Prima di seminare i semi, è fondamentale preparare un terreno adatto che fornisca un ambiente favorevole alla germinazione. Un substrato leggero e ben drenato è ideale per questa fase. Puoi utilizzare una miscela di torba, perlite e sabbia in parti uguali per creare un terreno adatto.

3. **Semina dei Semi:** Una volta che il terreno è pronto, puoi procedere con la semina dei semi. Distribuisci i semi uniformemente sulla superficie del terreno preparato e quindi premili delicatamente nel terreno con le dita o con un piccolo attrezzo per assicurarti che siano a contatto con il terreno.

4. **Fornire Condizioni Ottimali:** Dopo aver seminato i semi, è cruciale fornire loro le condizioni ottimali per la germinazione. Mantenere il terreno costantemente umido senza lasciarlo inzuppato è essenziale. Puoi coprire il vaso con pellicola trasparente o un coperchio per mantenere alta l'umidità e creare un effetto serra. Posiziona il vaso in un luogo luminoso ma non sotto la luce diretta del sole, poiché il calore eccessivo potrebbe danneggiare i semi.

5. **Monitorare e Attendere la Germinazione:** Una volta seminati, monitora attentamente i semi per osservare i primi segni di germinazione. Questo processo può richiedere diverse settimane o anche mesi, quindi armati di pazienza e continua a fornire le cure necessarie fino a quando non inizi a vedere i germogli emergere dal terreno.

6. **Trapianto dei Germogli:** Una volta che i germogli hanno raggiunto una dimensione sufficiente, possono essere trapiantati in vasi individuali con un terreno adatto per piante mature. Assicurati di fornire loro le cure continue di cui hanno bisogno per crescere forti e sane.

Seguendo attentamente questi passaggi, puoi godere del processo gratificante di propagare la tua Dionaea Muscipula da semi e creare una nuova generazione di queste affascinanti piante carnivore.

3. Propagazione per Talea

La propagazione per talea è un'altra tecnica popolare per moltiplicare la tua Dionaea Muscipula e può essere particolarmente utile quando vuoi clonare una pianta madre che hai a disposizione e che si è dimostrata particolarmente vigorosa e sana.

1. **Selezione del Materiale di Propagazione:** Il primo passo cruciale è selezionare una pianta madre sana e robusta da cui prelevare le talee. Assicurati che la pianta madre sia priva di malattie e che abbia rami forti e vigorosi da cui prelevare le talee.

2. **Preparazione delle Talee:** Utilizza un paio di forbici affilate e pulite per prelevare le talee dalla pianta madre. Scegli rami laterali robusti e sani e tagliali con cura, facendo attenzione a non danneggiare il resto della pianta. Le talee dovrebbero avere almeno un paio di centimetri di lunghezza e includere almeno un nodo fogliare.

3. **Trattamento delle Talee:** Dopo aver prelevato le talee, è consigliabile immergere immediatamente le estremità tagliate in una soluzione di ormone radicante per promuovere una rapida formazione delle radici. Questo passaggio può aumentare significativamente le probabilità di successo nella propagazione per talea.

4. **Preparazione del Terreno:** Prepara un terreno adatto per le talee, simile a quello utilizzato per le piante mature ma leggermente più leggero per favorire lo sviluppo delle radici. Assicurati che il terreno sia ben drenato e posiziona le talee in modo che possano essere piantate con facilità senza danneggiare le radici.

5. **Piantumazione delle Talee:** Pianta le talee nel terreno preparato, assicurandoti di lasciare almeno un paio di centimetri di spazio tra di esse per consentire una buona circolazione dell'aria. Premi delicatamente il terreno intorno alle talee per stabilizzarle.

6. **Fornire Condizioni Ottimali:** Dopo aver piantato le talee, posiziona il contenitore in un luogo luminoso ma non sotto la luce solare diretta. Mantieni il terreno costantemente umido ma non inzuppato e proteggi le talee da temperature estreme e correnti d'aria.

7. **Monitoraggio e Cura:** Monitora attentamente le talee per assicurarti che rimangano idratate e libere da malattie o parassiti. Mantieni il terreno umido ma non eccessivamente bagnato e fornisci cure regolari mentre le talee sviluppano radici e si stabilizzano.

Seguendo questi passaggi con cura, puoi avere successo nella propagazione della tua Dionaea Muscipula per talea e godere di una nuova generazione di queste affascinanti piante carnivore.

4. Divisione dei Rizomi

La divisione dei rizomi è un metodo efficace per propagare la Dionaea Muscipula e può essere particolarmente vantaggioso quando desideri creare nuove piante da una pianta madre già esistente che si è dimostrata sana e vigorosa.

1. **Identificazione del Momento Ideale:** La divisione dei rizomi è meglio eseguita in primavera o inizio estate, quando la pianta è in piena crescita attiva. Evita di eseguire la divisione quando la pianta è in uno stato di dormienza invernale.

2. **Preparazione del Contenitore:** Prima di iniziare il processo di divisione, assicurati di avere a disposizione contenitori puliti e ben drenati, riempiti con un terreno adatto per le Dionaea Muscipula. I contenitori dovrebbero essere di dimensioni adeguate per ospitare le nuove piante divise.

3. **Estrazione della Pianta Madre:** Con molta attenzione, estrai la pianta madre dal suo contenitore. Se necessario, puoi delicatamente scuotere il terreno in eccesso dalle radici per esporre meglio il sistema radicale.

4. **Divisione dei Rizomi:** Utilizzando un coltello pulito e affilato, cerca di individuare naturalmente le sezioni del rizoma che possono essere separate. Le divisioni dovrebbero avere almeno una rosetta di foglie e un sistema radicale ben sviluppato.

5. **Taglio delle Sezioni:** Con attenzione, taglia il rizoma in sezioni più piccole, assicurandoti di avere almeno una porzione di rizoma e alcune radici per ciascuna sezione. Evita di tagliare le radici troppo drasticamente, poiché potrebbe compromettere la capacità di sopravvivenza della nuova pianta.

6. **Trattamento delle Sezioni:** Dopo aver diviso i rizomi, puoi applicare un fungicida in polvere sulle sezioni tagliate per prevenire infezioni fungine e promuovere una guarigione più rapida.

7. **Piantumazione delle Nuove Piante:** Pianta le sezioni divise in contenitori preparati, assicurandoti di posizionarle a una profondità simile a quella in cui erano piantate in precedenza. Premi delicatamente il terreno intorno alle radici per stabilizzare le piante.

8. **Cura Post-Divisione:** Dopo aver piantato le nuove piante, mantieni il terreno costantemente umido e posiziona i contenitori in un luogo luminoso ma non esposto alla luce solare diretta. Monitora attentamente le piante per eventuali segni di stress o malattie e fornisci cure regolari come descritto nei capitoli precedenti.

Seguendo attentamente questi passaggi, puoi propagare con successo la tua Dionaea Muscipula attraverso la divisione dei rizomi e goderti una nuova generazione di queste affascinanti piante carnivore.

5. Tecniche di Clonazione

La clonazione è un metodo avanzato ma efficace per propagare la Dionaea Muscipula, consentendo di creare esattamente delle copie geneticamente identiche della pianta madre. Questo processo richiede una maggiore attenzione e alcune competenze di base nella manipolazione delle piante, ma può offrire risultati gratificanti per i coltivatori più esperti.

1. **Selezione della Pianta Madre:** Prima di iniziare il processo di clonazione, identifica una pianta madre sana e vigorosa che desideri clonare. Assicurati che la pianta sia libera da malattie e che mostri caratteristiche desiderabili, come una forte crescita e una forma fogliare attraente.

2. **Preparazione del Materiale di Propagazione:** Per la clonazione della Dionaea Muscipula, il materiale di propagazione più comune è rappresentato dai polloni o dai germogli laterali che crescono dalla base della pianta madre. Assicurati di selezionare polloni robusti e ben sviluppati per ottenere i migliori risultati.

3. **Preparazione degli Strumenti:** Prima di iniziare la clonazione, assicurati di disinfettare accuratamente tutti gli strumenti che verranno utilizzati, come forbici o coltelli affilati. Questo aiuterà a prevenire la diffusione di malattie e infezioni durante il processo di taglio.

4. **Taglio dei Polloni:** Con molta attenzione, utilizza gli strumenti disinfettati per tagliare i polloni o i germogli laterali dalla pianta madre. Assicurati di tagliare i polloni con un movimento netto e pulito per ridurre al minimo il trauma alla pianta madre e ai polloni stessi.

5. **Trattamento delle Sezioni di Taglio:** Dopo aver tagliato i polloni, puoi applicare un ormone radicante alle sezioni di taglio per promuovere la formazione delle radici sulle nuove piante clonate. Segui attentamente le istruzioni sull'etichetta dell'ormone radicante e applicalo con cura sulle sezioni di taglio.

6. **Piantumazione dei Polloni:** Dopo aver trattato le sezioni di taglio, pianta i polloni in un terreno leggero e ben drenato, preferibilmente composto da una miscela di torba e perlite. Assicurati che le sezioni di taglio siano parzialmente sepolte nel terreno e irriga leggermente per mantenere il terreno umido ma non eccessivamente bagnato.

7. **Cura Post-Clonazione:** Dopo aver piantato i polloni clonati, posiziona i contenitori in un luogo luminoso ma non esposto alla luce solare diretta. Mantieni il terreno costantemente umido e monitora attentamente le piante per assicurarti che si stiano radicando correttamente e che non mostrino segni di stress.

La clonazione può essere un metodo efficace per propagare la Dionaea Muscipula e può offrire un modo affidabile per replicare esattamente le caratteristiche desiderabili della pianta madre.

6. Cura delle Nuove Piante

Dopo aver propagato con successo nuove piante di Dionaea Muscipula, è essenziale fornire loro cure adeguate per garantire una crescita sana e robusta. La cura delle nuove piante richiede attenzione ai dettagli e una gestione oculata dell'ambiente circostante per favorire lo sviluppo ottimale delle giovani piantine.

1. **Ambiente Ottimale:** Assicurati di collocare le nuove piante in un ambiente che riproduca le condizioni ottimali di crescita per la Dionaea Muscipula. Questo include una buona esposizione alla luce solare diretta o alla luce artificiale di alta qualità, nonché una temperatura moderata e costante tra i 20°C e i 25°C durante il giorno e leggermente più bassa durante la notte.

2. **Umidità Adeguata:** Le giovani piante hanno bisogno di un'umidità relativa elevata per favorire una crescita sana e vigorosa. Puoi aumentare l'umidità intorno alle piante utilizzando un vassoio di acqua sotto i contenitori delle piante o utilizzando un umidificatore nell'ambiente circostante. Assicurati di evitare che l'umidità sia eccessivamente elevata, poiché ciò potrebbe favorire lo sviluppo di malattie fungine.

3. **Irrigazione Attenta:** Irriga le nuove piante con attenzione, mantenendo il terreno costantemente umido ma non eccessivamente bagnato. Evita di lasciare ristagnare l'acqua intorno alle radici, poiché ciò potrebbe portare al marciume radicale. Utilizza acqua distillata o piovana per evitare l'accumulo di sali nel terreno, che potrebbero danneggiare le giovani piante.

4. **Fertilizzazione Moderata:** Le giovani piante di Dionaea Muscipula non hanno bisogno di essere fertilizzate frequentemente, ma possono trarre beneficio da una fertilizzazione leggera e moderata. Utilizza un fertilizzante specifico per piante carnivore diluito a metà concentrazione rispetto alle raccomandazioni del produttore e applicalo con parsimonia, preferibilmente una volta al mese durante la stagione di crescita attiva.

5. **Monitoraggio Costante:** Monitora attentamente le nuove piante per individuare eventuali segni di stress o problemi di crescita. Presta particolare attenzione alla comparsa di foglie gialle o indebolite, macchie sulle foglie o qualsiasi altro segno di malattia o parassiti. Affronta prontamente qualsiasi problema per prevenire il suo peggioramento e proteggere la salute delle giovani piante.

Assicurando una cura attenta e mirata alle nuove piante di Dionaea Muscipula, sarai in grado di promuovere una crescita sana e robusta e di assicurarti che le piante si sviluppino in modo ottimale nel tempo.

7. Tempistiche di Propagazione

La propagazione della Dionaea Muscipula richiede pazienza e una comprensione delle tempistiche coinvolte nel processo. Le tempistiche possono variare a seconda del metodo di propagazione utilizzato e delle condizioni ambientali, ma ci sono alcune linee guida generali che è possibile seguire per avere un'idea approssimativa dei tempi necessari per ottenere nuove piante.

1. **Divisione del Rizoma:** La divisione del rizoma è un metodo rapido e efficace per propagare la Dionaea Muscipula. Dopo aver eseguito la divisione, le nuove piante possono richiedere alcuni mesi per stabilizzarsi e iniziare a produrre nuove foglie. In genere, puoi aspettarti di vedere una crescita significativa entro 2-3 mesi dalla divisione, ma potrebbe essere necessario un periodo più lungo per vedere una crescita pienamente sviluppata.

2. **Propagazione per Semi:** La propagazione per semi è un processo più lungo rispetto alla divisione del rizoma. Dopo aver seminato i semi, potrebbe essere necessario attendere diverse settimane o addirittura mesi prima che essi germinino e inizino a produrre le prime foglie. Una volta germinati, le giovani piante richiederanno ulteriori mesi per svilupparsi completamente e diventare piante mature pronte per il trapianto.

3. **Propagazione per Talea:** La propagazione per talea è un metodo meno comune ma altrettanto efficace per propagare la Dionaea Muscipula. Dopo aver prelevato le talee e piantate, le nuove piante possono richiedere diverse settimane o mesi per radicare e iniziare a produrre nuove foglie. Il tempo esatto dipenderà dalla salute delle talee e dalle condizioni ambientali fornite durante il processo di radicazione.

4. **Tecniche di Clonazione:** Le tecniche di clonazione, come la micropropagazione, possono essere utilizzate per ottenere una grande quantità di piante identiche geneticamente in un breve periodo di tempo. Tuttavia, questo metodo richiede attrezzature specializzate e competenze specifiche e potrebbe richiedere diverse settimane o addirittura mesi per completare il processo.

In generale, è importante essere pazienti e costanti nel processo di propagazione della Dionaea Muscipula. Le piante hanno i loro tempi naturali e rispettare tali tempistiche è fondamentale per ottenere risultati soddisfacenti nel lungo termine.

8. Problemi Comuni di Propagazione

La propagazione della Dionaea Muscipula può essere un processo gratificante, ma può anche presentare alcuni problemi che è importante riconoscere e affrontare tempestivamente per garantire il successo. Ecco alcuni dei problemi più comuni che potresti incontrare durante la propagazione e come gestirli:

1. **Muffa e Marciume:** Durante la propagazione, le giovani piante possono essere suscettibili alla muffa e al marciume, specialmente se le condizioni di umidità sono troppo elevate. Per prevenire questo problema, assicurati di fornire una buona ventilazione intorno alle piante e di evitare l'accumulo di acqua stagnante nel substrato. Se noti segni di muffa o marciume, rimuovi immediatamente le piante infette e riduci l'umidità dell'ambiente.

2. **Attacchi di Parassiti:** Anche le giovani piante in fase di propagazione possono essere vulnerabili agli attacchi di parassiti come acari e afidi. Monitora attentamente le tue piante e, se noti segni di parassiti, trattali prontamente con un insetticida specifico per piante carnivore. Assicurati di seguire le istruzioni sull'etichetta e di trattare regolarmente le piante per prevenire ulteriori infestazioni.

3. **Carenza Nutrizionale:** Durante la fase di propagazione, le giovani piante possono mostrare segni di carenza nutrizionale se non ricevono abbastanza sostanze nutritive dal substrato o dall'acqua. Assicurati di utilizzare un substrato ricco di sostanze nutritive e di integrare eventualmente l'alimentazione delle piante con un fertilizzante specifico per piante carnivore diluito. Monitora attentamente la crescita delle piante e apporta le correzioni necessarie se noti segni di carenza nutrizionale come foglie gialle o stentate.

4. **Stress da Trapianto:** Durante la propagazione, le piante possono subire stress da trapianto se vengono spostate da un ambiente all'altro o se vengono disturbate durante il processo di radicazione. Cerca di manipolare le piante con cura e di minimizzare il disturbo durante il trapianto. Assicurati anche di fornire alle piante un ambiente stabile e confortevole per favorire una rapida ripresa.

Affrontare questi problemi comuni durante la propagazione può richiedere un po' di pratica e pazienza, ma con le giuste cure e attenzioni, le tue piante saranno ben avviate verso una crescita sana e vigorosa.

9. Conservazione dei Semi

La conservazione dei semi è un passaggio fondamentale per garantire che rimangano vitali e pronti per la propagazione futura. Ecco alcuni consigli pratici su come conservare i semi della Dionaea Muscipula in modo efficace:

1. **Raccolta dei Semi:** La raccolta dei semi dovrebbe essere effettuata quando i baccelli sono maturi ma ancora chiusi. I baccelli marroni sono un segno che i semi sono pronti per essere raccolti. Taglia con cura i baccelli e aprili delicatamente per estrarre i semi marroni contenuti al loro interno. Evita di raccogliere semi verdi o troppo immaturi, poiché potrebbero non essere completamente sviluppati.

2. **Asciugatura dei Semi:** Dopo aver raccolto i semi, è importante asciugarli completamente prima di conservarli. Disponi i semi su un foglio di carta assorbente in un luogo fresco e asciutto, evitando l'esposizione diretta alla luce solare. Lascia i semi all'asciutto per almeno una settimana, assicurandoti che siano completamente privi di umidità prima di conservarli.

3. **Contenitori di Conservazione:** Una volta che i semi sono completamente asciutti, è essenziale conservarli in contenitori adeguati per proteggerli dall'umidità e dall'umidità. I contenitori di vetro o plastica sigillati sono ideali per conservare i semi. Assicurati di etichettare chiaramente ogni contenitore con la data di raccolta e il tipo di seme per una facile identificazione in futuro.

4. **Ambiente di Conservazione:** Conserva i semi in un luogo fresco, buio e asciutto, come un armadio o un cassetto. Evita di conservare i semi in luoghi soggetti a sbalzi di temperatura o umidità, come cucine o bagni. Mantenere una temperatura costante intorno ai 10-15°C favorirà la conservazione a lungo termine dei semi.

5. **Controllo Periodico:** È consigliabile controllare periodicamente i semi conservati per assicurarsi che mantengano la loro vitalità. Controlla se ci sono segni di muffa o degrado e rimuovi eventuali semi danneggiati o compromessi. Se noti segni di deterioramento, potrebbe essere necessario sostituire i semi con nuovi.

Seguendo questi semplici passaggi, sarai in grado di conservare i semi della Dionaea Muscipula in modo efficace per garantire una futura propagazione di successo.

10. Scambio e Vendita di Piante

Lo scambio e la vendita di piante carnivore, inclusa la Dionaea Muscipula, sono pratiche comuni tra gli appassionati di piante esotiche e carnivore. Ecco alcuni suggerimenti su come gestire con successo lo scambio e la vendita di queste affascinanti piante:

1. **Comunità Online:** Le comunità online dedicate alle piante carnivore sono un ottimo luogo per iniziare lo scambio e la vendita di piante. Piattaforme come forum, gruppi Facebook e siti web specializzati offrono spazi dedicati dove gli appassionati possono interagire, condividere esperienze e organizzare scambi.

2. **Liste di Piante:** Prima di proporre piante in vendita o scambio, è utile compilare una lista dettagliata delle piante disponibili. Questa lista dovrebbe includere informazioni come il nome della pianta, la dimensione, la salute e eventuali caratteristiche speciali. Assicurati di aggiornare regolarmente questa lista per riflettere l'attuale disponibilità delle tue piante.

3. **Fotografie Chiare:** Quando si propone una pianta per lo scambio o la vendita, assicurati di fornire fotografie chiare e dettagliate della pianta stessa. Le immagini dovrebbero mostrare la pianta da diverse angolazioni e mettere in evidenza le sue caratteristiche distintive, come le trappole e i fiori.

4. **Descrizioni Dettagliate:** Accompagna le fotografie con descrizioni dettagliate della pianta, comprese informazioni sulla sua storia, le condizioni di crescita preferite e eventuali cure speciali che potrebbe richiedere. Queste informazioni aiutano i potenziali acquirenti a prendere decisioni informate e a garantire una corretta cura della pianta una volta ricevuta.

5. **Imballaggio Sicuro:** Quando si effettua la spedizione di piante, è fondamentale imballarle in modo sicuro per garantire che arrivino al destinatario in condizioni ottimali. Utilizza materiali di imballaggio robusti e protettivi, come scatole di cartone rinforzato e imbottiture di protezione, per evitare danni durante il trasporto.

6. **Politiche di Garanzia:** Se si vendono piante, è consigliabile stabilire chiaramente le politiche di garanzia per proteggere sia il venditore che l'acquirente. Queste politiche dovrebbero affrontare questioni come eventuali danni durante la spedizione, la sostituzione delle piante danneggiate e le condizioni di reso.

7. **Comunicazione Chiara:** Mantieni una comunicazione chiara e trasparente con gli acquirenti o gli scambisti durante tutto il processo. Rispondi prontamente alle domande e alle preoccupazioni e fornisci aggiornamenti sullo stato della spedizione o dello scambio.

Seguendo questi consigli, sarai in grado di gestire con successo lo scambio e la vendita di piante carnivore, contribuendo anche alla diffusione di queste affascinanti piante tra gli appassionati.

XI. Coltivazione Avanzata

1. Coltivazione Idroponica

La coltivazione idroponica si presenta come una metodologia avanzata e altamente efficace per coltivare la Dionaea Muscipula e altre piante carnivore, offrendo un'eccellente alternativa al terreno tradizionale. Questo metodo rivoluzionario, basato sull'uso di una soluzione nutritiva liquida anziché sul terreno, offre una serie di vantaggi cruciali che meritano un'analisi dettagliata.

Innanzitutto, la coltivazione idroponica consente un controllo totale delle condizioni ambientali in cui crescono le piante carnivore. Grazie alla possibilità di monitorare e regolare con precisione fattori come la quantità di nutrienti, il pH dell'acqua e la temperatura circostante, è possibile creare un ambiente ottimale per la crescita, massimizzando così il potenziale di sviluppo delle piante.

Un altro aspetto significativo della coltivazione idroponica è la sua capacità di favorire un assorbimento ottimale dei nutrienti da parte delle piante carnivore. La soluzione nutritiva liquida, infatti, fornisce direttamente alle radici delle piante tutti gli elementi nutritivi necessari, consentendo loro di assorbirli in modo più efficiente rispetto alla tradizionale assunzione di nutrienti attraverso il terreno. Questo si traduce in una crescita più rapida e vigorosa delle piante, con un conseguente aumento della loro resistenza alle malattie e alle condizioni ambientali sfavorevoli.

Un elemento cruciale per il successo della coltivazione idroponica è la scelta del substrato in cui sono collocate le piante carnivore. Il substrato deve essere leggero, poroso e in grado di trattenere l'umidità senza diventare eccessivamente saturo d'acqua, garantendo così una corretta aerazione delle radici e prevenendo il rischio di marciume radicale.

Infine, la coltivazione idroponica offre un'eccellente opportunità di sperimentare e innovare nell'ambito della coltivazione delle piante carnivore. Grazie alla sua flessibilità e alle numerose opzioni di personalizzazione, questo metodo consente ai coltivatori di adattare le proprie tecniche alle esigenze specifiche delle piante e di ottenere risultati sorprendenti in termini di crescita e sviluppo.

In conclusione, la coltivazione idroponica rappresenta una soluzione avanzata e altamente efficace per coltivare con successo la Dionaea Muscipula e altre piante carnivore, offrendo una serie di vantaggi unici che la rendono un'opzione allettante per i coltivatori di tutte le esperienze.

2. Coltivazione in Terrari

I terrari offrono un ambiente controllato e protetto ideale per la coltivazione della Dionaea Muscipula e altre piante carnivore. Questi contenitori sigillati, che possono essere realizzati in vetro o plastica trasparente, ricreano le condizioni di crescita ottimali per le piante, consentendo ai coltivatori di mantenere sotto controllo fattori chiave come l'umidità, la temperatura e l'esposizione alla luce solare.

Un aspetto fondamentale della coltivazione in terrari è la scelta del substrato. Questo deve essere leggero, poroso e in grado di trattenere l'umidità senza diventare eccessivamente saturo d'acqua. Un substrato comune utilizzato in questa pratica è una miscela di torba, sabbia e perlite, che fornisce un'ottima aerazione alle radici e promuove una corretta drenaggio dell'acqua.

Inoltre, è importante considerare la dimensione e la forma del terrario. Questi devono essere sufficientemente ampi da consentire alle piante carnivore di svilupparsi liberamente e di avere spazio per catturare le proprie prede, ma anche abbastanza compatti da fornire un ambiente chiuso e protetto. La forma del terrario può variare a seconda delle preferenze personali del coltivatore, ma è importante assicurarsi che fornisca un'illuminazione uniforme e un'adeguata circolazione dell'aria.

La luce è un altro fattore critico da considerare nella coltivazione in terrari. Le piante carnivore, inclusa la Dionaea Muscipula, richiedono una quantità significativa di luce per la fotosintesi, quindi è essenziale fornire loro una fonte luminosa adeguata. Le lampade LED a spettro completo o le lampade fluorescenti sono opzioni popolari per fornire la luce necessaria al crescita sana delle piante carnivore all'interno di un terrario.

Infine, la manutenzione regolare è fondamentale per il successo della coltivazione in terrari. Questo include la pulizia periodica del terrario per rimuovere eventuali residui di cibo o detriti e la potatura delle piante per promuovere una crescita sana e vigorosa. Inoltre, è importante monitorare costantemente l'umidità e la temperatura all'interno del terrario e apportare eventuali regolazioni necessarie per mantenere le condizioni ottimali di crescita.

In conclusione, la coltivazione in terrari offre un modo efficace e conveniente per coltivare la Dionaea Muscipula e altre piante carnivore all'interno di casa. Fornendo un ambiente controllato e protetto, i terrari permettono ai coltivatori di creare le condizioni di crescita ottimali per le loro piante, garantendo così una crescita sana e vigorosa nel lungo termine.

3. Micropropagazione

La micropropagazione è una tecnica avanzata di coltivazione che permette di produrre un grande numero di piante geneticamente identiche partendo da un piccolo frammento di tessuto vegetale. Questo metodo è particolarmente utile per la Dionaea Muscipula, poiché consente di moltiplicare piante con caratteristiche desiderate in modo rapido e controllato. La micropropagazione si svolge in diverse fasi chiave, ciascuna delle quali richiede attenzione ai dettagli e condizioni sterili.

Fase 1: Preparazione del Materiale di Partenza

La prima fase della micropropagazione consiste nella selezione e preparazione del materiale vegetale da utilizzare. Generalmente, si preleva un piccolo frammento di tessuto, come una porzione di foglia o un pezzetto di rizoma. È fondamentale che il materiale di partenza sia sano e privo di malattie. Dopo aver prelevato il tessuto, si procede con la disinfezione per eliminare eventuali patogeni. Questo processo può coinvolgere l'uso di soluzioni sterilizzanti come ipoclorito di sodio o alcool etilico, seguite da risciacqui con acqua sterile.

Fase 2: Coltura In Vitro

Una volta preparato, il tessuto viene trasferito su un mezzo di coltura sterile. Questo mezzo è una gelatina nutritiva contenente zuccheri, vitamine, ormoni della crescita e altre sostanze nutritive essenziali. Il tessuto viene incubato in condizioni controllate di luce e temperatura, spesso in camere di crescita con illuminazione artificiale. Durante questa fase, le cellule vegetali si dividono e formano un callo, una massa di cellule indifferenziate che può svilupparsi in una nuova pianta.

Fase 3: Differenziazione e Radicazione

Dopo la formazione del callo, si modifica la composizione del mezzo di coltura per favorire la differenziazione delle cellule e la formazione di nuove piante complete. Gli ormoni della crescita, come le auxine e le citochinine, giocano un ruolo cruciale in questa fase, guidando la formazione di radici e germogli. Le piantine ottenute vengono quindi trasferite su un mezzo di radicazione, dove sviluppano un apparato radicale robusto.

Fase 4: Acclimatazione

La fase finale della micropropagazione è l'acclimatazione delle piantine all'ambiente esterno. Questo processo deve essere graduale per evitare lo shock da trapianto. Le piantine vengono inizialmente trasferite in condizioni di alta umidità e bassa intensità luminosa, per poi essere esposte gradualmente a condizioni più vicine a quelle ambientali. È essenziale monitorare attentamente le piantine durante questa fase e garantire un'umidità costante e un'adeguata ventilazione per prevenire malattie e favorire un adattamento sano.

Vantaggi della Micropropagazione

La micropropagazione offre numerosi vantaggi per la coltivazione della Dionaea Muscipula. Tra questi, la possibilità di produrre grandi quantità di piante in tempi ridotti, la garanzia di ottenere piante geneticamente identiche al materiale di partenza e la riduzione del rischio di trasmissione di malattie. Inoltre, questa tecnica permette di conservare e moltiplicare varietà rare o in via di estinzione, contribuendo alla conservazione della biodiversità.

Considerazioni Pratiche

Sebbene la micropropagazione offra molti benefici, richiede anche competenze tecniche avanzate e attrezzature specializzate. Gli appassionati che desiderano intraprendere questa tecnica devono essere pronti a investire in un laboratorio di coltura tissutale e ad acquisire conoscenze approfondite in biologia vegetale e microbiologia. Tuttavia, con la pratica e l'esperienza, la micropropagazione può diventare un metodo efficace e gratificante per la moltiplicazione delle piante carnivore.

In conclusione, la micropropagazione rappresenta un'opportunità entusiasmante per i coltivatori di Dionaea Muscipula. Con la giusta preparazione e attenzione ai dettagli, questa tecnica può contribuire significativamente al successo della coltivazione di queste affascinanti piante.

4. Controllo Avanzato dell'Ambiente

Il controllo avanzato dell'ambiente è essenziale per la coltivazione della Dionaea Muscipula, specialmente quando si vuole garantire una crescita ottimale e prevenire problemi comuni. Questa pratica richiede l'uso di tecnologie e tecniche avanzate per monitorare e regolare le condizioni ambientali in cui crescono le piante. Di seguito sono descritte alcune delle principali componenti del controllo ambientale avanzato, con esempi pratici e consigli utili per i coltivatori.

Sistema di Illuminazione

La luce è uno dei fattori più critici per la crescita della Dionaea Muscipula. Un sistema di illuminazione avanzato consente di fornire la giusta intensità e spettro di luce per stimolare la fotosintesi e la crescita sana delle piante. Le luci LED a spettro completo sono particolarmente efficaci, in quanto possono essere regolate per simulare il ciclo naturale del giorno e della notte. È consigliabile utilizzare timer programmabili per automatizzare il ciclo di illuminazione, garantendo che le piante ricevano circa 12-16 ore di luce al giorno.

Controllo della Temperatura

La temperatura ideale per la Dionaea Muscipula varia tra 20°C e 30°C durante il giorno e tra 10°C e 20°C durante la notte. Un controllo preciso della temperatura può essere ottenuto utilizzando termostati digitali collegati a riscaldatori e ventilatori. Nei mesi più caldi, l'uso di ventilatori o sistemi di raffreddamento può aiutare a mantenere le temperature entro i limiti desiderati. È anche utile utilizzare sensori di temperatura per monitorare costantemente le condizioni e fare aggiustamenti in tempo reale.

Umidità e Irrigazione

Le Dionaea Muscipula richiedono un alto livello di umidità per prosperare. L'umidità ideale si attesta tra il 50% e l'80%. Per mantenere queste condizioni, è possibile utilizzare umidificatori a ultrasuoni, che sono efficienti e facili da controllare. Inoltre, l'installazione di un sistema di irrigazione automatizzato, come gocciolatoi o nebulizzatori, può assicurare che le piante ricevano la giusta quantità di acqua senza il rischio di eccessi o carenze. È essenziale utilizzare acqua distillata o demineralizzata per evitare l'accumulo di sali nel substrato.

Ventilazione e Qualità dell'Aria

Una buona ventilazione è fondamentale per prevenire la formazione di muffe e funghi, che possono danneggiare gravemente le piante. L'uso di ventole di circolazione e estrattori d'aria aiuta a mantenere l'aria in movimento e a ridurre l'umidità stagnante. I filtri HEPA possono essere installati nei sistemi di ventilazione per migliorare la qualità dell'aria, rimuovendo particelle e agenti patogeni potenzialmente dannosi.

Controllo dei Parassiti

Il controllo avanzato dei parassiti include l'uso di trappole adesive, predatori naturali e trattamenti biologici. L'integrazione di telecamere e sensori per il monitoraggio delle piante può aiutare a individuare precocemente i segnali di infestazione, permettendo interventi tempestivi. L'uso di prodotti naturali, come l'olio di neem, può essere efficace nel controllo di molti parassiti senza danneggiare le piante.

Monitoraggio e Automazione

L'uso di tecnologie di monitoraggio e automazione può semplificare la gestione delle condizioni ambientali. Sistemi avanzati di controllo ambientale permettono di monitorare temperatura, umidità, luce e qualità dell'aria in tempo reale tramite app e software dedicati. Questi sistemi possono anche automatizzare l'illuminazione, l'irrigazione e la ventilazione, rendendo la coltivazione più efficiente e riducendo il rischio di errori umani.

Esempi Pratici

Un esempio pratico di controllo avanzato dell'ambiente potrebbe essere l'installazione di una serra con sistemi di controllo integrati. In questa serra, l'illuminazione LED a spettro completo può essere controllata tramite un'applicazione mobile, mentre i sensori monitorano costantemente la temperatura e l'umidità, attivando umidificatori e riscaldatori quando necessario. Un sistema di irrigazione automatizzato fornisce acqua distillata a intervalli regolari, e le ventole di circolazione assicurano una buona qualità dell'aria. In caso di infestazione, il software di monitoraggio invia una notifica al coltivatore, che può intervenire immediatamente.

In conclusione, il controllo avanzato dell'ambiente è una componente fondamentale per la coltivazione di successo della Dionaea Muscipula. Con l'uso delle giuste tecnologie e tecniche, è possibile creare un ambiente ideale che favorisce la crescita sana e vigorosa delle piante.

5. Tecniche di Forzatura della Fioritura

La forzatura della fioritura nella Dionaea Muscipula è una tecnica avanzata che consente di indurre artificialmente la pianta a fiorire fuori dalla sua normale stagione di crescita. Questa pratica può essere utile per la produzione di semi o per motivi estetici. Tuttavia, è importante essere consapevoli che la fioritura può consumare molte energie della pianta, eccessivamente in alcuni casi, compromettendo la sua salute generale. Pertanto, la forzatura della fioritura dovrebbe essere effettuata con cautela e solo quando la pianta è in condizioni ottimali. Di seguito, vengono descritte le tecniche più efficaci per forzare la fioritura, con esempi pratici e consigli utili per i coltivatori.

Regolazione del Fotoperiodo

La Dionaea Muscipula risponde ai cambiamenti nel ciclo di luce e buio per regolare la sua fase di fioritura. Manipolare il fotoperiodo, ovvero la durata del periodo di luce giornaliera, è una delle tecniche principali per forzare la fioritura. Normalmente, durante la primavera, la pianta riceve più ore di luce, stimolando la fioritura. Per replicare queste condizioni, si può aumentare gradualmente il periodo di illuminazione artificiale fino a 16 ore al giorno utilizzando luci LED a spettro completo. Assicuratevi di mantenere un ciclo di buio ininterrotto per il restante periodo della giornata, poiché la pianta necessita di questo equilibrio per rispondere correttamente alla stimolazione.

Incremento della Temperatura

Oltre al fotoperiodo, la temperatura gioca un ruolo cruciale nel processo di fioritura. Aumentare la temperatura ambiente può simulare le condizioni primaverili e incoraggiare la fioritura. Mantenete la temperatura diurna tra i 24°C e i 29°C, mentre durante la notte dovrebbe scendere tra i 15°C e i 20°C. Utilizzare termostati e riscaldatori controllati digitalmente può aiutare a mantenere queste condizioni con precisione. Tuttavia, evitate sbalzi termici eccessivi, che potrebbero stressare la pianta.

Nutrizione Bilanciata

Una nutrizione adeguata è essenziale per supportare la pianta durante la fase di fioritura. Somministrare un fertilizzante bilanciato specifico per piante carnivore può fornire i nutrienti necessari per sostenere la produzione di fiori. Tuttavia, è fondamentale non eccedere con le dosi per evitare l'accumulo di sali nel substrato. Un'alimentazione supplementare con prede vive, come piccoli insetti, può anche contribuire a fornire le proteine e gli altri nutrienti essenziali per una fioritura robusta.

Applicazione di Ormoni della Fioritura

L'uso di regolatori di crescita delle piante, come gli ormoni della fioritura, può essere un metodo efficace per indurre la fioritura. Questi prodotti, disponibili presso i rivenditori specializzati, contengono gibberelline, che stimolano la fioritura in molte specie di piante. Seguite attentamente le istruzioni del produttore per la diluizione e l'applicazione. Generalmente, l'applicazione viene effettuata mediante spray fogliare o irrigazione diretta.

Controllo dello Stress

Per garantire che la pianta sia nelle migliori condizioni possibili per la fioritura, è fondamentale minimizzare lo stress. Evitate cambiamenti bruschi nell'ambiente e manipolate la pianta con cura durante il periodo di preparazione alla fioritura. Monitorate regolarmente la pianta per segni di stress, come foglie appassite o cambiamenti nel colore, e intervenite prontamente per correggere eventuali problemi.

Esempi Pratici

Un esempio pratico di forzatura della fioritura potrebbe coinvolgere una pianta che è stata cresciuta in un terrario con controllo completo dell'ambiente. Iniziate aumentando gradualmente il fotoperiodo fino a 16 ore di luce al giorno, utilizzando luci LED a spettro completo. Regolate la temperatura ambiente per mantenere i livelli ottimali giorno e notte. Alimentate la pianta con un fertilizzante specifico per piante carnivore ogni due settimane e integrate con piccoli insetti vivi. Utilizzate regolatori di crescita come le gibberelline secondo le istruzioni. Monitorate attentamente la pianta per segni di stress e mantenete un ambiente stabile.

In conclusione, la forzatura della fioritura nella Dionaea Muscipula richiede una combinazione di tecniche che manipolano luce, temperatura, nutrizione e ormoni. Con un'attenzione scrupolosa ai dettagli e una cura diligente, è possibile indurre la fioritura e godere della bellezza unica dei fiori di questa affascinante pianta carnivora.

6. Gestione delle Piante Mature

Gestire correttamente le piante mature di Dionaea Muscipula è fondamentale per mantenerle in salute e favorire una crescita vigorosa e continua. Le piante mature richiedono cure specifiche che differiscono leggermente da quelle necessarie per le piante più giovani. In questo paragrafo, esploreremo le tecniche e le pratiche essenziali per la gestione delle piante mature, fornendo esempi pratici e suggerimenti utili per i coltivatori.

Monitoraggio della Salute della Pianta

Uno dei primi passi nella gestione delle piante mature è il monitoraggio costante della loro salute. Le piante mature possono essere più suscettibili a problemi come marciume delle radici, infestazioni di parassiti e malattie fungine. Controllate regolarmente le foglie e i rizomi per individuare eventuali segni di stress, malattie o parassiti. La presenza di foglie ingiallite, macchie nere o una crescita stentata può indicare problemi che necessitano di interventi immediati.

Nutrizione Adeguata

Le piante mature richiedono una nutrizione adeguata per sostenere la loro crescita e la produzione di trappole efficienti. Mentre le Dionaea Muscipula catturano insetti per ottenere nutrienti, l'integrazione con un fertilizzante specifico per piante carnivore può essere benefica. Utilizzate un fertilizzante liquido diluito e somministratelo ogni 4-6 settimane durante la stagione di crescita. Evitate di sovralimentare la pianta, poiché un eccesso di nutrienti può danneggiare le radici e il substrato.

Substrato e Rinvaso

Con il passare del tempo, il substrato può compattarsi e perdere la sua efficacia nel drenaggio e nell'aerazione. Per mantenere la salute delle radici, è importante rinvasare le piante mature ogni due anni. Utilizzate un mix di torba acida e perlite in rapporto 1:1 per creare un ambiente ottimale per le radici. Durante il rinvaso, controllate lo stato delle radici e rimuovete quelle danneggiate o marce. Assicuratevi che il nuovo vaso abbia fori di drenaggio adeguati per prevenire ristagni d'acqua.

Controllo dell'Umidità

Le piante mature di Dionaea Muscipula richiedono un livello di umidità costante, ma non eccessivo. L'ideale è mantenere un'umidità relativa tra il 50% e il 70%. Se coltivate le vostre piante in un ambiente con bassa umidità, considerate l'uso di un umidificatore o di un vassoio con ciottoli e acqua per aumentare l'umidità circostante. Evitate di spruzzare direttamente le foglie, poiché l'acqua stagnante può favorire la comparsa di muffe e marciume.

Illuminazione

Le piante mature necessitano di una luce intensa per fotosintetizzare e produrre trappole efficaci. Posizionate le vostre Dionaea Muscipula in una zona che riceve almeno 6 ore di luce solare diretta al giorno. In caso di coltivazione indoor, utilizzate luci a spettro completo, preferibilmente LED, per fornire un'illuminazione adeguata. Assicuratevi che le piante ricevano un periodo di buio sufficiente durante la notte, poiché un ciclo di luce e buio equilibrato è essenziale per la loro crescita.

Esempi Pratici

Un esempio pratico di gestione delle piante mature potrebbe coinvolgere l'uso di un sistema di illuminazione temporizzato per garantire 12 ore di luce intensa al giorno, simulando le condizioni naturali. Durante il controllo settimanale, esaminate attentamente le foglie e i rizomi per individuare segni di problemi. Somministrate un fertilizzante diluito una volta al mese e monitorate l'umidità con un igrometro, aggiustando l'umidificatore se necessario.

Preparazione per la Dormienza

Infine, preparate le piante mature per il periodo di dormienza invernale. Riducete gradualmente la quantità di luce e la frequenza delle annaffiature a partire dall'autunno. Durante la dormienza, mantenete la pianta in un luogo fresco, con temperature tra 5°C e 10°C, e annaffiate solo quando il substrato è completamente asciutto.

In conclusione, la gestione delle piante mature di Dionaea Muscipula richiede un monitoraggio costante, una nutrizione bilanciata, un substrato adeguato e il controllo delle condizioni ambientali. Con una cura diligente e l'adozione di queste tecniche, le vostre piante mature continueranno a prosperare, offrendo trappole vivaci e affascinanti.

7. Coltivazione Sostenibile

La coltivazione sostenibile della Dionaea Muscipula non solo contribuisce alla salute a lungo termine della pianta, ma anche alla salvaguardia dell'ambiente. Adottare pratiche sostenibili significa ridurre al minimo l'uso di risorse non rinnovabili, evitare sostanze chimiche nocive e promuovere un equilibrio naturale. In questo paragrafo, esploreremo diverse tecniche e principi per coltivare la vostra pianta in modo ecologicamente responsabile.

Uso di Substrati Naturali

Il primo passo verso una coltivazione sostenibile è l'uso di substrati naturali e rinnovabili. Invece di utilizzare substrati a base di torba, che sono non sostenibili a causa della lenta rigenerazione delle torbiere, optate per alternative come la fibra di cocco mescolata con perlite. Questo mix non solo fornisce un buon drenaggio e aerazione, ma è anche una scelta ecologica. La fibra di cocco è un sottoprodotto dell'industria del cocco ed è ampiamente disponibile.

Raccolta dell'Acqua Piovana

L'acqua è una risorsa preziosa e la Dionaea Muscipula richiede acqua priva di sostanze chimiche. Un modo sostenibile per soddisfare questa esigenza è raccogliere l'acqua piovana. Installate un sistema di raccolta dell'acqua piovana nel vostro giardino o balcone e utilizzate quest'acqua per annaffiare la pianta. L'acqua piovana è naturalmente priva di cloro e altre sostanze chimiche presenti nell'acqua del rubinetto, rendendola ideale per le piante carnivore.

Fertilizzanti Organici

Sebbene le Dionaea Muscipula non necessitino di fertilizzanti frequentemente, quando è necessario, optate per fertilizzanti organici. Compost o tè di compost sono eccellenti fonti di nutrienti e migliorano la salute del suolo senza introdurre sostanze chimiche dannose. Se utilizzate fertilizzanti commerciali, assicuratevi che siano etichettati come organici e a rilascio lento, per ridurre il rischio di sovradosaggio e inquinamento.

Riduzione degli Sprechi

La riduzione degli sprechi è un principio chiave della sostenibilità. Utilizzate materiali riciclati per i vostri vasi, come plastica riciclata o vasi in ceramica recuperati. Evitate l'uso di plastica monouso e, quando possibile, riparate e riutilizzate i materiali. Inoltre, compostate le foglie morte e altre parti vegetali per creare fertilizzante naturale per le vostre piante.

Controllo Biologico dei Parassiti

Un approccio sostenibile al controllo dei parassiti implica l'uso di metodi biologici invece di pesticidi chimici. Introducete predatori naturali come coccinelle e nematodi benefici per controllare gli afidi e altri parassiti comuni. Utilizzate anche soluzioni naturali come olio di neem o sapone insetticida biologico per trattare le infestazioni. Questi metodi riducono l'impatto ambientale e proteggono gli insetti utili.

Energia Rinnovabile

Se coltivate le vostre piante in un ambiente indoor, considerate l'uso di energia rinnovabile per alimentare le luci di crescita. Le luci LED a basso consumo energetico sono una scelta eccellente, in quanto riducono il consumo di energia rispetto alle luci tradizionali. Se possibile, installate pannelli solari per alimentare il vostro sistema di illuminazione, riducendo ulteriormente la vostra impronta ecologica.

Esempi Pratici

Ad esempio, per creare un substrato sostenibile, potete mescolare 70% di fibra di cocco con 30% di perlite. Per raccogliere l'acqua piovana, installate un serbatoio collegato a una grondaia. Utilizzate questa acqua per annaffiare le piante una volta alla settimana, assicurandovi che il substrato rimanga umido ma non inzuppato.

Educazione e Condivisione

Infine, educare gli altri sulle pratiche di coltivazione sostenibile è essenziale. Condividete le vostre esperienze e tecniche con la comunità di coltivatori, sia online che offline. Partecipate a gruppi di discussione e forum per diffondere la conoscenza e incoraggiare l'adozione di pratiche ecologiche tra altri appassionati di piante carnivore.

In sintesi, la coltivazione sostenibile della Dionaea Muscipula comporta l'adozione di pratiche ecologiche e responsabili che promuovono la salute della pianta e dell'ambiente. Utilizzando substrati naturali, raccogliendo l'acqua piovana, scegliendo fertilizzanti organici e praticando il controllo biologico dei parassiti, potete creare un sistema di coltivazione che non solo sostiene la vostra pianta, ma anche il pianeta.

8. Coltivazione in Serre Domestiche

La coltivazione della Dionaea Muscipula in serre domestiche rappresenta una soluzione ideale per chi desidera creare un ambiente controllato, ottimizzando le condizioni di crescita della pianta. Le serre domestiche offrono protezione da condizioni climatiche avverse, permettendo di mantenere parametri come umidità, temperatura e luce costanti e ideali per la salute della pianta. In questo paragrafo, esploreremo dettagliatamente come allestire una serra domestica e le tecniche pratiche per coltivare efficacemente la vostra Dionaea Muscipula.

Allestimento della Serra

Scelta del Tipo di Serra
Le serre domestiche possono variare dalle piccole serre in miniatura per interni alle più grandi strutture da giardino. Per la Dionaea Muscipula, una serra compatta con ripiani può essere più che sufficiente. Assicuratevi che la serra scelta abbia una buona ventilazione per prevenire il ristagno dell'umidità e la formazione di muffe.

Materiali
Le serre possono essere costruite con vari materiali come vetro, policarbonato o plastica. Il vetro è eccellente per la trasparenza e la durata, mentre il policarbonato offre un'ottima isolazione termica e resistenza agli urti. La plastica è un'opzione economica ma meno duratura.

Posizionamento
Posizionate la serra in un luogo che riceva luce solare diretta per almeno 4-6 ore al giorno. Evitate aree con ombra intensa o vicino a fonti di calore estremo. Se la serra è per interni, collocatela vicino a una finestra orientata a sud o utilizzate luci di crescita artificiali.

Parametri di Coltivazione

Luce
La Dionaea Muscipula richiede una buona quantità di luce per prosperare. Se la serra non riceve abbastanza luce naturale, integrate con luci LED specifiche per la crescita delle piante. Le luci LED devono essere posizionate a una distanza adeguata per evitare scottature ma garantire una luce intensa.

Temperatura e Umidità

La temperatura ideale per la Dionaea Muscipula varia tra 20-30°C durante il giorno e può scendere fino a 10-15°C di notte. Utilizzate un termometro per monitorare la temperatura all'interno della serra. L'umidità dovrebbe essere mantenuta tra il 50% e l'80%. Un umidificatore può essere utile nei mesi secchi per mantenere l'umidità a livelli ottimali.

Ventilazione

Una buona ventilazione è cruciale per prevenire malattie fungine e batteriche. Aprite le finestre o le porte della serra durante le ore più calde della giornata per favorire il ricambio d'aria. In alternativa, installate ventole per garantire una circolazione costante dell'aria.

Tecniche di Coltivazione

Annaffiatura

La serra permette di controllare meglio l'apporto idrico. Utilizzate acqua distillata o piovana per annaffiare la pianta. Evitate l'acqua del rubinetto che può contenere minerali dannosi. Mantenete il substrato umido, ma non inzuppato, per prevenire il marciume radicale.

Substrato

Utilizzate un substrato a base di muschio di sfagno e perlite per garantire un buon drenaggio e aerazione. Cambiate il substrato ogni uno o due anni per evitare l'accumulo di sali e altre impurità.

Nutrienti

Le Dionaea Muscipula ottengono i nutrienti principalmente dagli insetti. Nelle serre domestiche, potete integrare occasionalmente con alimenti specifici per piante carnivore se necessario, ma evitate l'uso eccessivo di fertilizzanti chimici.

Esempi Pratici

Ad esempio, per un setup iniziale, potreste scegliere una mini-serra con dimensioni di 60x30x30 cm, con ripiani regolabili per ospitare più piante. Installate una luce LED da 50 watt a spettro completo, programmata per accendersi per 12-14 ore al giorno. Utilizzate un umidificatore regolabile per mantenere l'umidità tra il 60% e il 70%.

Manutenzione della Serra

La pulizia regolare della serra è essenziale per prevenire l'accumulo di polvere e l'insorgenza di malattie. Pulite le superfici interne ed esterne con acqua e sapone delicato ogni pochi mesi. Controllate periodicamente le piante per segni di malattie o infestazioni di parassiti e intervenite prontamente.

In conclusione, la coltivazione della Dionaea Muscipula in serre domestiche offre un ambiente controllato che favorisce una crescita sana e vigorosa. Seguendo queste linee guida dettagliate, potrete creare condizioni ottimali e godere della bellezza e unicità di questa pianta carnivora.

9. Esperimenti di Coltivazione

Sperimentare con la coltivazione della Dionaea Muscipula può essere un modo eccitante e educativo per approfondire la conoscenza di questa pianta unica. Gli esperimenti possono riguardare vari aspetti della coltivazione, dall'ottimizzazione delle condizioni ambientali alla sperimentazione di tecniche di propagazione. In questo paragrafo, esploreremo alcune idee di esperimenti pratici che potete intraprendere per migliorare la vostra competenza nella cura della Dionaea Muscipula e per osservare come diversi fattori influenzano la crescita e la salute della pianta.

1. Variazione della Luce

Scopo: Determinare l'effetto della quantità e del tipo di luce sulla crescita della Dionaea Muscipula.

Metodo: Utilizzate tre gruppi di piante e collocateli in condizioni di luce differenti:
- **Gruppo A:** Esposizione alla luce solare naturale per 6 ore al giorno.
- **Gruppo B:** Esposizione a luci LED a spettro completo per 12 ore al giorno.
- **Gruppo C:** Esposizione alla luce indiretta, senza luce diretta del sole o LED.

Osservazioni: Monitorate la crescita delle piante in termini di numero di nuove foglie, colore delle foglie e dimensione delle trappole. Annotate eventuali variazioni nella salute generale delle piante.

2. Test dell'Umidità

Scopo: Esaminare come diversi livelli di umidità influenzano la Dionaea Muscipula.

Metodo: Creare tre ambienti con diversi livelli di umidità:
- **Ambiente 1:** Umidità al 50%.
- **Ambiente 2:** Umidità al 70%.
- **Ambiente 3:** Umidità al 90%.

Osservazioni: Controllate il tasso di crescita, l'insorgenza di muffe o marciumi e la vitalità generale delle piante. Notate se ci sono differenze significative tra i vari livelli di umidità.

3. Tipi di Substrato

Scopo: Valutare l'impatto di diversi tipi di substrato sulla crescita della Dionaea Muscipula.

Metodo: Preparare tre diversi tipi di substrato:
- **Substrato 1:** Muschio di sfagno puro.
- **Substrato 2:** Miscela di muschio di sfagno e perlite (70:30).
- **Substrato 3:** Miscela di torba e sabbia silicea (50:50).

Osservazioni: Monitorate la ritenzione idrica, la crescita delle radici e la salute generale delle piante. Annotate quale substrato sembra favorire la crescita più vigorosa.

4. Alimentazione Artificiale

Scopo: Studiare l'effetto dell'alimentazione artificiale rispetto all'alimentazione naturale.

Metodo: Alimentare un gruppo di piante con insetti vivi e un altro gruppo con fertilizzanti liquidi specifici per piante carnivore.

Osservazioni: Osservate le differenze nella crescita, nelle dimensioni delle trappole e nella colorazione delle foglie. Valutate quale metodo di alimentazione sembra essere più efficace.

5. Propagazione per Talea

Scopo: Esaminare l'efficacia della propagazione per talea rispetto alla propagazione per divisione del rizoma.

Metodo: Effettuare talee fogliari da alcune piante e rizomi da altre. Piantare entrambe in condizioni identiche e monitorare la radicazione e la crescita delle nuove piante.

Osservazioni: Confrontate il tasso di successo, la velocità di crescita e la salute delle nuove piante ottenute con ciascun metodo.

Esempi Pratici

Esempio 1: Luce e Crescita
Marco, un appassionato coltivatore, ha deciso di condurre un esperimento con tre piante di Dionaea Muscipula. Ha posizionato una pianta alla finestra per la luce naturale, una sotto una luce LED a spettro completo, e la terza in un angolo ombroso del suo appartamento. Dopo tre mesi, ha notato che la pianta sotto la luce LED aveva sviluppato trappole più grandi e numerose rispetto alle altre due.

Esempio 2: Umidità e Salute della Pianta
Giulia ha sperimentato con tre serre in miniatura, ciascuna con un livello di umidità diverso. Ha scoperto che la pianta nell'ambiente con umidità al 70% era la più sana, con un buon equilibrio tra crescita vigorosa e assenza di muffe.

Conclusione
Gli esperimenti di coltivazione non solo arricchiscono la vostra conoscenza della Dionaea Muscipula, ma possono anche offrire nuove strategie per ottimizzare le condizioni di crescita. Documentare i risultati e condividere le vostre esperienze con la comunità dei coltivatori può contribuire a una migliore comprensione collettiva di questa affascinante pianta carnivora.

10. Innovazioni Tecnologiche

L'evoluzione della tecnologia ha avuto un impatto significativo sulla coltivazione delle piante, inclusa la Dionaea Muscipula. Le innovazioni tecnologiche offrono soluzioni avanzate per monitorare e ottimizzare le condizioni di crescita, migliorare la salute delle piante e aumentare l'efficienza delle pratiche di coltivazione. In questo paragrafo, esploreremo alcune delle principali tecnologie attualmente disponibili e come possono essere applicate alla coltivazione della Dionaea Muscipula in appartamento.

1. Sistemi di Monitoraggio Intelligente

Descrizione: I sistemi di monitoraggio intelligente utilizzano sensori per rilevare e registrare vari parametri ambientali come temperatura, umidità, livello di luce e umidità del suolo. Questi dati vengono raccolti e analizzati in tempo reale.

Applicazione Pratica: Installate un sistema di monitoraggio intelligente nel vostro spazio di coltivazione. Posizionate i sensori vicino alle vostre piante di Dionaea Muscipula per ottenere dati accurati. Utilizzate le informazioni raccolte per regolare l'illuminazione, l'irrigazione e la ventilazione, garantendo così condizioni ottimali per la crescita.

2. Luci LED a Spettro Completo

Descrizione: Le luci LED a spettro completo imitano la luce solare naturale, fornendo tutti i colori dello spettro di luce necessari per la fotosintesi e la crescita delle piante.

Applicazione Pratica: Sostituite le lampade tradizionali con luci LED a spettro completo. Regolate l'intensità e la durata dell'illuminazione in base ai dati raccolti dal sistema di monitoraggio intelligente. Questo garantirà che le vostre piante ricevano la quantità di luce necessaria senza rischio di scottature o crescita stentata.

3. Irrigazione Automatica

Descrizione: I sistemi di irrigazione automatica sono progettati per fornire acqua alle piante in base a un programma prestabilito o in risposta a sensori che rilevano l'umidità del suolo.

Applicazione Pratica: Installate un sistema di irrigazione automatica con sensori di umidità del suolo. Programmate il sistema per irrigare le vostre Dionaea Muscipula solo quando il suolo raggiunge un certo livello di secchezza. Questo aiuta a prevenire sia l'eccesso che la carenza di acqua, mantenendo il substrato costantemente umido, ma non fradicio.

4. Applicazioni Mobile per la Gestione della Coltivazione

Descrizione: Le applicazioni mobile per la gestione della coltivazione offrono strumenti per monitorare le condizioni delle piante, ricevere notifiche di interventi necessari e registrare note sulle pratiche di cura.

Applicazione Pratica: Scaricate un'applicazione di gestione della coltivazione sul vostro smartphone. Sincronizzatela con il vostro sistema di monitoraggio intelligente e di irrigazione automatica. Utilizzate l'app per tenere traccia della crescita delle piante, impostare promemoria per la manutenzione e ricevere consigli personalizzati basati sui dati raccolti.

5. Substrati Avanzati

Descrizione: I substrati avanzati sono progettati per migliorare la ritenzione idrica, il drenaggio e l'aerazione delle radici, ottimizzando così le condizioni di crescita.

Applicazione Pratica: Sperimentate con substrati innovativi come la fibra di cocco miscelata con perlite e vermiculite. Questi materiali offrono un'eccellente ritenzione idrica e aerazione, prevenendo problemi di marciume radicale e favorendo una crescita sana delle radici.

6. Tecnologie di Clonazione

Descrizione: Le tecnologie di clonazione avanzate, come i kit di coltura in vitro, permettono di propagare piante geneticamente identiche in condizioni controllate.

Applicazione Pratica: Utilizzate un kit di coltura in vitro per clonare le vostre Dionaea Muscipula. Seguite le istruzioni del kit per sterilizzare gli strumenti e preparare i mezzi di coltura. Questo metodo permette di produrre piante sane e vigorose, riducendo il rischio di malattie e garantendo la qualità genetica.

7. Analisi del Suolo

Descrizione: L'analisi del suolo utilizza strumenti per misurare i livelli di nutrienti, pH e altre caratteristiche del substrato.

Applicazione Pratica: Prelevate campioni di substrato e analizzateli utilizzando kit di analisi del suolo disponibili sul mercato. Regolate l'acidità del substrato e aggiungete eventuali nutrienti carenti in base ai risultati dell'analisi, garantendo un ambiente di crescita ottimale per le vostre piante.

Esempi Pratici

Esempio 1: Monitoraggio Intelligente
Laura ha installato un sistema di monitoraggio intelligente nel suo terrario di Dionaea Muscipula. Grazie ai dati raccolti, ha potuto regolare l'umidità e l'illuminazione in modo ottimale, osservando un miglioramento significativo nella crescita e nella vitalità delle sue piante.

Esempio 2: Irrigazione Automatica
Gianni ha implementato un sistema di irrigazione automatica nel suo spazio di coltivazione. Questo ha permesso alle sue piante di ricevere la giusta quantità di acqua senza eccessi, riducendo il rischio di marciume radicale e mantenendo un ambiente ideale per la crescita.

Conclusione

Le innovazioni tecnologiche stanno rivoluzionando il modo in cui coltiviamo la Dionaea Muscipula. Utilizzando queste tecnologie, è possibile ottimizzare le condizioni di crescita, risparmiare tempo e migliorare la salute delle piante. Sperimentare con diverse tecnologie e monitorare attentamente i risultati può portare a una coltivazione più efficiente e di successo.

XII. Conclusioni e Risorse Aggiuntive

1. Riassunto dei Punti Chiave

Alla fine di questo viaggio dettagliato nella coltivazione e cura della Dionaea Muscipula, è utile fare un riepilogo dei concetti principali trattati nei capitoli precedenti. Questo riassunto serve come guida rapida e pratica, utile per avere una panoramica completa e facilmente consultabile delle migliori pratiche e tecniche per mantenere sana e vigorosa la tua pianta carnivora.

1. Scelta della Pianta e Ambiente Ideale

Descrizione: La selezione di una Dionaea Muscipula sana e l'allestimento di un ambiente adatto sono fondamentali per il suo successo.

Punti Chiave:
- **Scelta della Pianta:** Optate per piante con foglie verdi e trappole ben sviluppate.
- **Luce:** Assicuratevi che la pianta riceva almeno 4-6 ore di luce solare diretta al giorno o utilizzate luci artificiali a spettro completo.
- **Substrato:** Utilizzate una miscela di torba e perlite o sabbia senza fertilizzanti aggiunti.

2. Irrigazione Adeguata

Descrizione: L'acqua utilizzata e il metodo di irrigazione sono cruciali per evitare problemi di salute alla pianta.

Punti Chiave:
- **Acqua Distillata o Piovana:** Utilizzate solo acqua distillata, demineralizzata o piovana per evitare accumuli di minerali.
- **Metodo di Irrigazione:** Mantenete il substrato costantemente umido, ma non fradicio, preferibilmente irrigando dal basso.

3. Alimentazione

Descrizione: La Dionaea Muscipula è una pianta carnivora e richiede un'alimentazione adeguata per crescere vigorosa.

Punti Chiave:
- **Insetti Vivi:** Fornite insetti vivi come mosche, ragni o piccoli grilli.
- **Frequenza:** Alimentate la pianta una o due volte al mese, evitando di sovralimentarla.

4. Manutenzione e Pulizia

Descrizione: La regolare manutenzione e pulizia delle piante sono essenziali per prevenire malattie e garantire un ambiente sano.

Punti Chiave:

- **Rimozione delle Foglie Morte:** Tagliate regolarmente le foglie morte o danneggiate per prevenire marciumi.
- **Pulizia del Substrato:** Controllate e mantenete il substrato libero da detriti e muffe.

5. Trattamento delle Malattie e Parassiti

Descrizione: La Dionaea Muscipula può essere soggetta a malattie fungine e attacchi di parassiti. Una corretta diagnosi e trattamento sono cruciali.

Punti Chiave:

- **Identificazione:** Imparate a riconoscere i sintomi di malattie comuni come muffe e marciumi.
- **Trattamenti Naturali:** Utilizzate metodi naturali come neem o sapone insetticida per trattare i parassiti.

6. Tecniche di Propagazione

Descrizione: Propagare la Dionaea Muscipula è possibile attraverso vari metodi che garantiscono la crescita di nuove piante.

Punti Chiave:

- **Divisione del Rizoma:** Dividete i rizomi durante il periodo di dormienza per creare nuove piante.
- **Propagazione per Talea:** Utilizzate talee di foglie per la propagazione, seguendo tecniche specifiche per il successo.

7. Innovazioni Tecnologiche

Descrizione: Le tecnologie moderne possono facilitare la coltivazione della Dionaea Muscipula, migliorando la qualità della cura.

Punti Chiave:

- **Sistemi di Monitoraggio:** Implementate sistemi di monitoraggio per tenere traccia delle condizioni ambientali.
- **Irrigazione Automatica:** Utilizzate sistemi di irrigazione automatica per mantenere il corretto livello di umidità.

8. Coltivazione Sostenibile

Descrizione: Adottare pratiche sostenibili è importante per l'ambiente e la salute a lungo termine della pianta.

Punti Chiave:

- **Materiali Riciclabili:** Utilizzate materiali riciclabili per i contenitori e strumenti di coltivazione.
- **Risparmio Idrico:** Implementate tecniche di risparmio idrico e utilizzo di acqua piovana.

9. Risorse e Consulenze

Descrizione: Avvalersi di risorse esterne e consulenze può essere utile per risolvere problemi specifici e migliorare la cura delle piante.

Punti Chiave:

- **Forum e Community Online:** Partecipate a forum e community online per condividere esperienze e ricevere consigli.
- **Libri e Articoli:** Consultate libri e articoli specializzati per approfondire le conoscenze.

Questo riassunto fornisce una panoramica essenziale delle tecniche e delle pratiche chiave per coltivare e mantenere in salute la Dionaea Muscipula in appartamento. Ricordate che la pazienza, l'osservazione attenta e l'adozione di buone pratiche sono fondamentali per il successo a lungo termine.

2. Testimonianze di Coltivatori Esperti

Uno degli aspetti più preziosi dell'apprendimento della coltivazione della Dionaea Muscipula è l'opportunità di imparare dall'esperienza di altri coltivatori. Le testimonianze di esperti possono offrire consigli pratici, ispirazione e soluzioni a problemi comuni. Di seguito sono riportate alcune testimonianze di coltivatori esperti che condividono le loro esperienze e le tecniche che hanno trovato più efficaci.

Testimone 1

Marco coltiva la Dionaea Muscipula da oltre venti anni e ha sviluppato un metodo personale che gli ha garantito successo e piante vigorose.

Luce e Posizionamento: "Ho scoperto che la mia Dionaea Muscipula risponde meglio quando è posizionata in un punto dove riceve luce solare diretta per almeno sei ore al giorno. Utilizzo anche luci LED a spettro completo durante l'inverno per compensare la diminuzione delle ore di luce."

Irrigazione: "Mi affido all'irrigazione dal basso. Metto il vaso in un sottovaso con acqua distillata e lascio che la pianta assorba l'acqua di cui ha bisogno. In questo modo, evito il rischio di marciume delle radici."

Testimone 2

Anna è una coltivatrice amatoriale che ha raggiunto grandi risultati grazie alla sua dedizione e attenzione ai dettagli.

Controllo dell'Umidità: "Utilizzo un igrometro per monitorare costantemente i livelli di umidità. Mi assicuro che l'umidità rimanga intorno al 50-70%, specialmente durante i mesi invernali quando l'aria può diventare molto secca."

Alimentazione: "Ho notato che la mia pianta prospera quando la nutro con piccoli insetti vivi ogni due settimane. Evito di nutrirla eccessivamente, per non stressarla."

Testimone 3

Luigi è un appassionato di piante carnivore che ha sperimentato varie tecniche di propagazione con la Dionaea Muscipula.

Propagazione per Talea: "Ho ottenuto ottimi risultati con la propagazione per talea. Taglio una foglia sana con il suo picciolo e la inserisco in un substrato umido di torba e perlite. Copro il vaso con un sacchetto di plastica per mantenere alta l'umidità fino alla comparsa delle nuove radici."

Divisione dei Rizomi: "Divido i rizomi delle piante mature durante la loro fase di dormienza. Questa tecnica non solo mi permette di ottenere nuove piante, ma anche di ringiovanire le piante madri."

Testimone 4

Sara ha affinato la sua tecnica di coltivazione in terrari, creando un ambiente controllato che replica le condizioni naturali della Dionaea Muscipula.

Coltivazione in Terrari: "Il mio terrario ha un sistema di ventilazione per prevenire la formazione di muffe. Uso anche un termostato per mantenere la temperatura costante tra 20-25°C. Ho scoperto che questo ambiente controllato riduce significativamente lo stress della pianta e ne migliora la crescita."

Substrato: "Utilizzo una combinazione di torba bionda e perlite, evitando sempre substrati con fertilizzanti. Cambio il substrato ogni due anni per garantire che le piante abbiano sempre le migliori condizioni di crescita."

Consigli Finali

Le esperienze condivise da questi coltivatori esperti dimostrano che, sebbene esistano linee guida generali, la coltivazione della Dionaea Muscipula può essere ottimizzata attraverso l'osservazione attenta e la sperimentazione. Ogni pianta è unica, e ciò che funziona per una potrebbe non funzionare per un'altra. La chiave del successo risiede nella pazienza, nella passione e nella volontà di adattarsi alle esigenze specifiche delle proprie piante.

3. Progetti di Ricerca Futuri

La ricerca sulla coltivazione della Dionaea Muscipula è in costante evoluzione, e numerosi progetti futuri promettono di portare innovazioni significative nel campo. Di seguito sono descritti alcuni ambiti di ricerca che potrebbero plasmare il futuro della coltivazione di questa affascinante pianta carnivora.

1. Miglioramento Genetico

Uno degli obiettivi principali della ricerca futura è il miglioramento genetico delle varietà esistenti di Dionaea Muscipula. Gli scienziati sperano di identificare e isolare i geni responsabili delle caratteristiche desiderabili, come la resistenza alle malattie, la crescita rapida e la produzione di trappole più efficaci. Attraverso la selezione e l'incrocio selettivo, si mira a creare varietà di Dionaea Muscipula ancora più adattabili e performanti.

2. Sviluppo di Nuovi Metodi di Propagazione

La ricerca futura si concentrerà anche sullo sviluppo di nuovi metodi di propagazione che consentano una produzione più efficiente e su larga scala di piante sane e robuste. Tecniche come la micropropagazione e la clonazione cellulare potrebbero essere ulteriormente perfezionate per consentire la produzione su vasta scala di piante identiche geneticamente.

3. Ottimizzazione delle Condizioni di Coltivazione

Gli studiosi lavoreranno per ottimizzare ulteriormente le condizioni di coltivazione della Dionaea Muscipula, compresa la luce, l'umidità, la temperatura e la composizione del substrato. L'obiettivo è identificare le condizioni ottimali per la crescita e la salute della pianta, sia in ambiente domestico che in serre commerciali.

4. Esplorazione di Nuovi Metodi di Alimentazione

Alcuni progetti di ricerca si concentreranno sull'esplorazione di nuovi metodi di alimentazione per la Dionaea Muscipula. Questi potrebbero includere la somministrazione di nutrienti specifici attraverso il substrato o l'uso di tecnologie innovative per la consegna mirata di insetti vivi o nutrienti liquidi direttamente alle trappole della pianta.

5. Studio dell'Interazione con Microbioma del Suolo

L'interazione della Dionaea Muscipula con il microbioma del suolo è un campo di ricerca emergente che potrebbe rivelare informazioni preziose sulla salute e sulle prestazioni della pianta. Gli scienziati studieranno come i microrganismi presenti nel suolo influenzano la crescita, la resistenza alle malattie e la capacità della pianta di assorbire nutrienti, aprendo la strada a potenziali trattamenti probiotici per migliorare la salute delle piante.

Conclusioni

I progetti di ricerca futuri offrono promettenti opportunità per avanzare nella coltivazione della Dionaea Muscipula e per soddisfare le crescenti esigenze dei coltivatori domestici e commerciali. Attraverso la collaborazione tra scienziati, coltivatori e appassionati, è possibile sbloccare il pieno potenziale di questa affascinante pianta carnivora.

4. Domande Frequenti

Nel corso della tua esperienza di coltivazione della Dionaea Muscipula, è probabile che tu incontri diverse domande comuni. Di seguito troverai le risposte alle domande più frequenti che potrebbero sorgere durante la cura di questa affascinante pianta carnivora.

1. Perché le trappole della mia pianta non si aprono?

- Le trappole della Dionaea Muscipula potrebbero non aprirsi correttamente se la pianta non riceve abbastanza luce solare diretta o se l'umidità ambientale è troppo bassa. Assicurati che la pianta sia posizionata in un luogo luminoso e che riceva almeno 4-6 ore di luce solare diretta al giorno. Mantenere l'umidità intorno alla pianta al 50-60% può aiutare a garantire il corretto funzionamento delle trappole.

2. Cosa fare se la mia Dionaea Muscipula ha foglie gialle?

- Le foglie gialle possono essere un segno di diverse problematiche, tra cui eccesso di acqua, mancanza di luce, suolo troppo compatto o cattiva qualità dell'acqua. Verifica le condizioni di coltivazione della tua pianta e apporta eventuali correzioni necessarie. Assicurati che il terreno sia ben drenato e posiziona la pianta in un luogo luminoso, evitando l'esposizione diretta al sole nelle ore più calde.

3. Come posso prevenire le malattie sulla mia Dionaea Muscipula?

- La prevenzione delle malattie sulla Dionaea Muscipula inizia con buone pratiche culturali, come mantenere la pianta in un ambiente pulito, fornire condizioni ottimali di crescita e evitare di bagnare le foglie durante l'irrigazione. Inoltre, monitora regolarmente la pianta per individuare segni precoci di malattie e agisci prontamente per trattarle.

4. È normale che la mia pianta perda le trappole dopo aver catturato una preda?

- Sì, è normale che la Dionaea Muscipula perda le trappole dopo aver catturato una preda. Dopo aver completato il processo di digestione, le trappole possono diventare nere e morire. Questo è un processo naturale e non dovrebbe destare preoccupazione, purché la pianta continui a produrre nuove trappole.

5. Posso fertilizzare la mia Dionaea Muscipula?

- È consigliabile evitare di fertilizzare la Dionaea Muscipula con concimi a base di nutrienti inorganici, poiché la pianta trae i nutrienti di cui ha bisogno dalla cattura e dalla digestione degli insetti. L'uso di concimi chimici potrebbe danneggiare le radici sensibili della pianta. Tuttavia, alcune tecniche di alimentazione mirata possono essere utilizzate con cautela per integrare la dieta della pianta.

6. Quanto spesso devo rinvasare la mia Dionaea Muscipula?

- La Dionaea Muscipula generalmente non ha bisogno di essere rinvasata spesso, poiché preferisce terreni leggermente acidi e poveri di nutrienti. Tuttavia, se noti che il terreno è diventato troppo compatto o se la pianta mostra segni di sovraffollamento, potrebbe essere necessario rinvasarla. Un buon momento per farlo è durante la primavera o l'estate, quando la pianta è in fase di crescita attiva.

Queste risposte alle domande frequenti dovrebbero fornirti una guida utile per risolvere i problemi comuni e massimizzare il successo nella coltivazione della Dionaea Muscipula.

5. Risorse Bibliografiche

Per approfondire la tua conoscenza sulla coltivazione e la cura della Dionaea Muscipula, ti consiglio di consultare le seguenti risorse bibliografiche. Questi libri offrono informazioni dettagliate, consigli pratici e approfondimenti su vari aspetti della coltivazione di questa affascinante pianta carnivora.

1. **"The Savage Garden: Cultivating Carnivorous Plants" di Peter D'Amato**
   - Questo libro è considerato un classico nella letteratura sulle piante carnivore ed è una risorsa essenziale per ogni coltivatore. D'Amato fornisce una panoramica completa sulle diverse specie di piante carnivore, inclusa la Dionaea Muscipula, e offre consigli dettagliati su come coltivarle con successo.

2. **"Growing Carnivorous Plants" di Barry A. Rice**
   - Questo libro è una guida pratica e accessibile alla coltivazione delle piante carnivore, compresa la Dionaea Muscipula. Rice copre argomenti come la selezione del terreno, l'irrigazione, la luce e altro ancora, fornendo consigli utili per mantenere la tua pianta sana e prosperosa.

3. **"The Carnivorous Plants" di Francis Ernest Lloyd**
   - Questo testo classico offre un'analisi approfondita della biologia e dell'ecologia delle piante carnivore, comprese le strategie di cattura e digestione. Se sei interessato a comprendere meglio il funzionamento interno della Dionaea Muscipula e di altre piante carnivore, questo libro è una risorsa preziosa.

4. **"Carnivorous Plants of the World" di James Pietropaolo**
   - Questo libro presenta una vasta panoramica delle diverse specie di piante carnivore presenti in tutto il mondo, inclusa la Dionaea Muscipula. Con fotografie dettagliate e informazioni sulla distribuzione geografica e sulle esigenze di coltivazione, questa risorsa ti aiuterà a conoscere meglio la diversità delle piante carnivore.

Consultare queste risorse bibliografiche ti fornirà una solida base di conoscenze sulla coltivazione e la cura della Dionaea Muscipula, consentendoti di diventare un coltivatore esperto.

6. Associazioni e Club di Appassionati

Se sei un appassionato italiano della Dionaea Muscipula, hai la fortuna di poter partecipare a diverse associazioni e club dedicati alle piante carnivore nel tuo paese. Queste organizzazioni offrono un'opportunità unica per connettersi con altri coltivatori locali, condividere conoscenze e risorse, e approfondire la tua passione per queste meravigliose piante carnivore.

Associazione Italiana Piante Carnivore (AIPC)

L'Associazione Italiana Piante Carnivore (AIPC) è un'organizzazione che riunisce gli appassionati italiani di piante carnivore. Essi offrono una varietà di vantaggi per i loro membri, inclusi:

- Incontri regionali: partecipa a incontri e riunioni locali organizzati dall'AIPC per incontrare altri coltivatori e scambiare esperienze.

- Corsi e workshop: partecipa a corsi pratici e workshop tenuti da esperti del settore per imparare nuove tecniche di coltivazione e cura.
- Giornate a tema: partecipa a giornate dedicate specificamente alle piante carnivore, con visite a serre specializzate e scambi di piante tra i membri.

Forum Italiano Piante Carnivore

Il Forum Italiano Piante Carnivore è una comunità online dedicata agli appassionati italiani di piante carnivore. Attraverso il loro forum di discussione, i membri possono:

- Condividere esperienze: partecipa a discussioni sulla coltivazione, la propagazione, la cura e altro ancora.
- Annunci di scambio: trova piante in vendita o organizza scambi con altri membri del forum per espandere la tua collezione.
- Consigli e supporto: chiedi consigli e ricevi supporto dagli altri membri per affrontare eventuali problemi di coltivazione o malattie.

Unendoti a queste associazioni e club, avrai l'opportunità di incontrare altri appassionati italiani, condividere conoscenze e vivere appieno la tua passione per le piante carnivore.

7. Eventi e Mostre di Piante Carnivore

Partecipare a eventi e mostre di piante carnivore è un modo entusiasmante per immergersi nella comunità degli appassionati e scoprire una vasta gamma di specie e varietà affascinanti. In Italia, ci sono diverse occasioni durante l'anno in cui puoi incontrare altri coltivatori, esplorare serre specializzate e arricchire la tua conoscenza sul mondo delle piante carnivore.

Fiere di Giardinaggio e Orticoltura

Le fiere di giardinaggio e orticoltura sono eventi popolari in tutta Italia, dove puoi trovare una vasta selezione di piante carnivore esposte da coltivatori professionisti e appassionati. Queste fiere offrono un'opportunità unica per acquistare nuove piante, scoprire le ultime novità nel mondo delle piante carnivore e incontrare esperti del settore che possono condividere preziosi consigli e suggerimenti sulla loro coltivazione e cura.

Mostre Specializzate

Alcune serre e vivai specializzati organizzano mostre dedicate esclusivamente alle piante carnivore. Questi eventi offrono un'occasione unica per esplorare una vasta gamma di specie e varietà, spesso provenienti da tutto il mondo. Potrai ammirare esemplari rari e insoliti, scoprire nuove tecniche di coltivazione e trovare ispirazione per arricchire la tua collezione personale di piante carnivore.

Giornate a Tema

Alcuni giardini botanici e centri di ricerca organizzano giornate a tema incentrate sulle piante carnivore. Durante queste giornate, esperti del settore conducono visite guidate, tenendo conferenze e laboratori pratici sulla coltivazione e la conservazione delle piante carnivore. È un'ottima occasione per approfondire la tua conoscenza e incontrare altri appassionati con interessi simili.

Partecipare a eventi e mostre di piante carnivore non solo ti permetterà di arricchire la tua collezione, ma ti offrirà anche l'opportunità di connetterti con altri appassionati, condividere esperienze e imparare nuove tecniche per coltivare e curare le tue piante carnivore.

8. Acquisto di Piante e Materiali

Per garantire il successo nella coltivazione della tua Dionaea Muscipula, è fondamentale sapere dove e come acquistare piante e materiali di qualità. Ecco alcuni suggerimenti pratici per assicurarti di fare le scelte giuste durante il tuo acquisto.

Vivai e Centri di Giardinaggio Specializzati

Acquistare da vivai e centri di giardinaggio specializzati in piante carnivore è una delle migliori opzioni. Questi fornitori spesso hanno una vasta gamma di specie e varietà, garantendo che le piante siano sane e ben curate. Chiedi consigli agli esperti del vivaio riguardo alle condizioni di coltivazione ideali e qualsiasi necessità specifica della Dionaea Muscipula.

Acquisti Online

Numerosi negozi online offrono piante carnivore e materiali per la coltivazione. È importante scegliere rivenditori affidabili con buone recensioni e una solida reputazione. Assicurati di verificare la politica di spedizione e garanzia del negozio. Spesso, i negozi online specializzati in piante carnivore forniscono dettagliate descrizioni delle piante e consigli per la loro cura.

Mercati e Fiere del Giardinaggio

Partecipare a mercati e fiere del giardinaggio può essere un'ottima opportunità per acquistare Dionaea Muscipula direttamente dai coltivatori. Questi eventi permettono di vedere le piante di persona, garantendo che siano in buone condizioni. Inoltre, avrai la possibilità di discutere direttamente con i coltivatori, ottenendo consigli pratici e informazioni dettagliate sulle piante.

Materiali di Coltivazione

Oltre alle piante, è essenziale procurarsi materiali di alta qualità per la coltivazione. Il substrato deve essere specifico per piante carnivore, generalmente costituito da una miscela di torba e sabbia o perlite. Assicurati che il substrato sia privo di fertilizzanti aggiunti, che possono essere dannosi per la Dionaea Muscipula. L'acqua utilizzata per l'irrigazione deve essere distillata, demineralizzata o raccolta dalla pioggia, poiché l'acqua del rubinetto contiene minerali che possono danneggiare le piante.

Attrezzature

Per la coltivazione indoor, considera l'acquisto di attrezzature come luci artificiali a spettro completo, che replicano la luce solare e promuovono una crescita sana. Se coltivi le piante in un terrario, assicurati che sia ben ventilato e mantenga un'umidità adeguata.

Acquistare piante e materiali di qualità è il primo passo per garantire una coltivazione di successo della Dionaea Muscipula. Investire tempo e risorse nella scelta dei migliori fornitori e attrezzature ti permetterà di godere di piante sane e vigorose nel lungo periodo.

9. Continuità della Coltivazione

La continuità della coltivazione della Dionaea Muscipula è essenziale per garantire che le piante prosperino e mantengano la loro salute e vitalità nel lungo termine. Mantenere una routine di cura coerente, monitorare regolarmente le condizioni delle piante e adottare strategie preventive sono tutti aspetti cruciali per assicurare il successo della coltivazione.

Monitoraggio Regolare

È fondamentale monitorare regolarmente le condizioni delle piante. Controlla frequentemente l'umidità del substrato, la qualità dell'acqua utilizzata e l'esposizione alla luce. Ad esempio, la Dionaea Muscipula richiede un ambiente umido ma ben drenato; verifica che il substrato sia umido al tatto ma non inzuppato. Utilizza acqua distillata o demineralizzata per evitare l'accumulo di minerali dannosi.

Pianificazione delle Innaffiature

Stabilisci una routine di irrigazione basata sulle esigenze specifiche delle tue piante e delle condizioni ambientali. Innaffia quando il substrato inizia a seccarsi in superficie, ma non lasciare mai che si asciughi completamente. Durante i mesi più caldi e secchi, potresti dover aumentare la frequenza delle innaffiature. Utilizza un vassoio sotto il vaso per garantire che le radici abbiano accesso all'acqua senza essere sommerse.

Cura Stagionale

Adatta le tue pratiche di cura in base alle stagioni. In inverno, la Dionaea Muscipula entra in un periodo di dormienza. Durante questo periodo, riduci le innaffiature e sposta le piante in un ambiente più fresco, mantenendo comunque una certa umidità nel substrato. In primavera e estate, aumenta l'esposizione alla luce e riprendi una routine di irrigazione più regolare.

Potatura e Pulizia

Rimuovi regolarmente le foglie morte o danneggiate per prevenire infezioni fungine e mantenere l'aspetto estetico delle piante. Utilizza forbici sterilizzate per evitare la diffusione di malattie. La pulizia del terrario o del vaso è altrettanto importante: rimuovi detriti e vecchi substrati per prevenire l'accumulo di batteri o parassiti.

Trattamenti Preventivi

Utilizza trattamenti preventivi per evitare infestazioni di parassiti e malattie fungine. Spruzzare periodicamente un fungicida naturale può aiutare a mantenere le piante sane. Se noti segni di parassiti, come afidi o acari, intervieni prontamente con prodotti specifici o metodi naturali come l'olio di neem.

Registrazione e Analisi

Tieni un registro delle tue pratiche di coltivazione, annotando le date delle innaffiature, i cambiamenti stagionali, i trattamenti applicati e l'osservazione delle condizioni delle piante. Questo ti aiuterà a identificare schemi o problemi ricorrenti e a migliorare le tue tecniche di coltivazione nel tempo.

Condivisione di Esperienze

Partecipare a comunità di coltivatori di piante carnivore può fornire supporto e suggerimenti preziosi. Condividere le tue esperienze e apprendere da altri appassionati ti aiuterà a risolvere problemi comuni e a perfezionare le tue tecniche di coltivazione.

La continuità della coltivazione richiede dedizione e attenzione costante, ma i risultati ripagheranno gli sforzi. Piante sane e vigorose non solo sono un piacere per gli occhi, ma rappresentano anche il frutto del tuo impegno e della tua passione.

10. Ispirazione e Motivazione per i Nuovi Coltivatori

Coltivare la Dionaea Muscipula, nota anche come Venus Flytrap, può sembrare una sfida, ma è un'attività straordinariamente gratificante che offre un'incredibile opportunità di connessione con la natura. Questo capitolo è dedicato a fornire ispirazione e motivazione ai nuovi coltivatori, aiutandoli a intraprendere e perseverare in questo affascinante viaggio botanico.

Il Fascino delle Piante Carnivore

Le piante carnivore hanno un fascino unico che cattura l'immaginazione. Osservare una Venus Flytrap mentre cattura una preda è un'esperienza che non smette mai di stupire, dimostrando la straordinaria adattabilità della natura. Questa meraviglia naturale può essere una fonte costante di ispirazione, motivando i coltivatori a esplorare e comprendere meglio questi organismi unici.

Iniziare con Passi Semplici

Per chi è alle prime armi, è essenziale iniziare con passi semplici. Acquista una pianta da un fornitore affidabile e familiarizza con le sue esigenze di base: luce, acqua, e substrato. Segui le istruzioni di questo libro e non esitare a fare domande alle comunità online di appassionati di piante carnivore. Ogni piccolo successo, come vedere le prime trappole crescere rigogliose, rafforzerà la tua fiducia e ti incoraggerà a proseguire.

Apprendimento Continuo

La coltivazione della Dionaea Muscipula è un continuo processo di apprendimento. Leggi libri, partecipa a forum online, e segui esperti di coltivazione su social media e blog. Questo ti permetterà di scoprire nuove tecniche, risolvere problemi e migliorare costantemente le tue abilità. La curiosità e la voglia di imparare sono fondamentali per mantenere alta la motivazione.

Condividere la Passione

Partecipare a gruppi locali o online di coltivatori di piante carnivore può essere estremamente motivante. Condividere le tue esperienze e successi con altri appassionati crea un senso di comunità e appartenenza. Inoltre, ascoltare le storie e i consigli di altri coltivatori può offrirti nuove prospettive e soluzioni creative ai problemi comuni.

Celebrando i Successi

Non dimenticare di celebrare i tuoi successi, grandi e piccoli. Ogni nuova foglia, ogni trappola che si chiude, e ogni pianta che prospera grazie alle tue cure è una vittoria. Documenta i tuoi progressi con foto e annotazioni. Rivedere il tuo percorso e notare quanto hai imparato e realizzato può essere una potente fonte di motivazione.

Gestione delle Difficoltà

Coltivare la Venus Flytrap può presentare delle sfide, ma è importante vedere ogni difficoltà come un'opportunità di crescita. Se una pianta mostra segni di stress o malattia, affronta il problema con determinazione e usa le risorse a tua disposizione per trovare una soluzione. La resilienza è una qualità chiave per ogni coltivatore di successo.

Il Piacere della Scoperta

Il mondo delle piante carnivore è vasto e variegato. Man mano che acquisisci esperienza con la Dionaea Muscipula, potresti voler esplorare altre specie di piante carnivore, ampliando così la tua collezione e le tue conoscenze. La scoperta di nuove specie e tecniche di coltivazione mantiene viva la tua passione e rende l'hobby sempre stimolante.

In conclusione, la coltivazione della Dionaea Muscipula è molto più di un semplice passatempo. È un viaggio di scoperta, apprendimento e connessione con la natura. Con la giusta ispirazione e motivazione, chiunque può diventare un coltivatore esperto e godere delle meraviglie che queste piante straordinarie hanno da offrire.

Vuoi un nostro libro a soli 0,99€? Ecco come fare!

Ciao!
Se ti è piaciuto questo libro, puoi ricevere il prossimo titolo **a soli 0,99€**, scegliendo tra:

📖 eBook
🖨️ PDF di un libro cartaceo

Segui questi semplici passaggi:

📌 **1.** Condividi la tua esperienza sul sito dove hai effettuato l'acquisto.

📌 **2.** Invia uno screenshot **del tuo feedback** dove si legge anche la dicitura "Acquisto verificato" a:
info.testicreativi@gmail.com

📌 **3.** Riceverai un codice sconto personale da utilizzare sul nostro store online, valido per ottenere il prossimo libro **a soli 0,99€**.

📚 La tua opinione conta davvero: ogni recensione ci aiuta a crescere e permette a nuovi lettori di scoprire i nostri libri.

Grazie di cuore per il tuo tempo e buona lettura!